JN020862

小学生が
たった1日で
かんぺきに
単位の
計算
ができる本

小杉拓也

東大卒プロ算数講師
志進ゼミナール塾長

ダイヤモンド社

はじめに

「単位の計算」を
"苦手"から"得意"にする！

いきなりだけど、1mは何cm？　そう、100cmだね。このmやcmなどを単位というよ。

では、3mは何cm？　1mが100cmだから、3mは、100に3をかけて（100×3＝）300cmだ。つまり、「3m」を、同じ長さの「300cm」にかえたわけだね。このように、ある単位を別の単位にかえることを、この本では「単位の計算」というよ。この「単位の計算」は、算数を得意にするうえで欠かせないけど、苦手にしている人が本当にすごく多い。そんな人もこの本で、「単位の計算」が得意になれるんだ！

※単位の換算（単位換算）ともいうよ。

ところで「3mは何cm？」は答えられても、「0.05mは何cm？」となると、すぐに答えられない人もいるんじゃないかな？　また、mとcmをひっくり返した「780cmは何m？」というような問題も、小学生のうちに解けるようになっておかないといけないんだ。

なぜって、中学生になったら、単位の計算はほとんど教えてくれなくなる。「君たち、単位の計算はかんぺきだよね！」ってことをもとに、授業が進んでいっちゃうからだよ。また、中学受験生にとっても「単位の計算」は不可欠だよね。

このように、「単位の計算」は算数でとても大事だけど、「どういう順序で、どのように解けばいいか」をちゃんと説明している教科書や本がとても少ない。これが、この本を書こうと思ったきっかけだよ。
そして、この本では、「どんな単位の計算もスラスラできる方法」を紹介するよ！

「3ステップ法」で、単位の計算がぐんと得意になる！

その方法の名前は「3ステップ法」だ。

3ステップ法を身につけたら、長さの単位（cmやm）だけじゃなく、重さ（gやkg）、面積（cm²やm²）、体積と容積（cm³やL）などの「単位の計算」がスイスイできるようになる。

そして、この本は、小学3年生以上向けだよ。本の中には、小学3年生より上の学年で習うこともまじってるけど、イチから説明するから大丈夫だ。もし、君が小学3年生より下の学年でも、この本をパラパラっと見て「できそう」と思ったら、ぜひチャレンジしてほしい。

「単位の計算って難しいんじゃない？」

そう思った君も安心してほしい。単位の計算（3ステップ法）は、なれればスラスラできる。しかも、この本では、とてもかんたんなところからスタートするよ。そして、階段を一段ずつのぼるように、楽しみながら、「3ステップ法」を身につけられる。

単位の計算を苦手にしている人はとても多い。でも、この本にとりくめば、「単位の計算が、自分にもできる！」ということに気づくだろう。

この本を解き終えて、3ステップ法を身につけたら、単位の計算だけでなく、算数が今までより好きに得意になっているはずだ！

次は、この本の"できる"を紹介するよ！

れっつごー♪

この本には

できる

単位の計算を
得意にして、
算数への
自信ゲット！

苦手な人が多いから、
「できる」と
すごい！

長さ、重さ、
面積、体積、
容積の単位を
全部カバー！

ややこしい
単位の関係を
スッキリ
整理！

中学受験
対策にも
バッチリ！

がいっぱい!!

スイスイできて、
解(と)くのが
おもしろい!

単位(たんい)の
テストで、
100点満点(てんまんてん)が
増(ふ)えちゃう!

親子(おやこ)で一緒(いっしょ)に
やっても楽(たの)しい!

脳(のう)トレ、
頭(あたま)の体操(たいそう)にも
効果(こうか)大(だい)!

小学生(しょうがくせい)から
大人(おとな)まで
一生(いっしょう)使(つか)える!

こんなこともできちゃう!!

☑ 82ページ〜のコラムでは「1 m = 1000mm」「1 m² = 10000cm²」「1 kL = 1000L」のような「単位(たんい)の関係(かんけい)」を覚(おぼ)えるための「5つのポイント」を伝授(でんじゅ)!

☑ 「180a = ☐ ? ☐ km²」「0.32kL = ☐ ? ☐ L」のような問題(もんだい)も一瞬(いっしゅん)で解(と)ける!

（108ページ、116ページを見(み)よう）

もくじ

親が子どもに教えるコラム
長さ、重さ、面積、体積、容積の単位の関係を、子どもにどう教えるか？ 82

10、100、1000を かけたり、割ったり

では、さっそく始めていこう！

まず、10や100や1000をかけたり、それらで割ったりする練習をするよ。どれも、単位の計算で使うからだ。

とてもかんたんなところから始めるから、安心してね。そして、スラスラわかるように、ゆっくり進めていくよ。

単位の計算に入る前の「じゅんびうんどう」をするような気持ちでとりくんでいこう！

ステップ1

整数に10をかけよう！

0、1、2、3、4、5、…のような数を、整数というんだ。

まず、整数に10をかけるとどうなるか調べていくよ！
例えば、次の計算をみてみよう。

問題1

$$3 \times 10 = \boxed{?}$$

3に10をかける計算だね。
10をかけることを、**10倍**ともいうよ。これは「3の10倍」を求める問題だ。

「3×10＝」の答えは何だろう？　例えば、「おはじき3個のセットが、10セットあるとき、おはじきは全部で何個あるか」を求めれば答えが出そうだね。
図にすると、次のようになるよ。

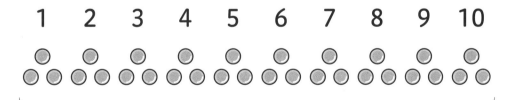

おはじきは全部で何個？

図のおはじきを1つずつ数えると、全部で30個とわかる。「3×10＝<u>30</u>」ってことだ（ 問題1 の答え）。

または、九九の「3×9＝27」をもとにして考えることもできるよ。「27＋3＝30」だから、「3×10＝30」になる。やはり30個だね。

実は、「10をかける（10倍する）」のは、数の右に0を1つつけることと同じなんだ。

3 × 10 ＝ 30

3の右に、0を1つつけよう！

10をかける（10倍する）

答え

では、次の計算の答えはどうなるかな？

問題2

$$26 \times 10 = \boxed{?}$$

「10をかける（10倍する）」のは、数の右に0を1つつけることと同じだから、「26×10＝260」だね。問題2の答えは、260だ。かんたんだね！

26 × 10 ＝ 260

26の右に、0を1つつけよう！

10をかける（10倍する）

答え

もう1問だけ計算してみよう。

問 題 3

$$700 \times 10 = \boxed{?}$$

「10をかける（10倍する）」のは、数の右に 0 を 1 つつけることと同じだから、「700×10＝7000」だね。 問題3 の答えは、7000だ。 0 の数を間違えないように気をつけよう。

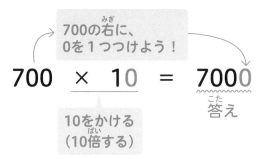

700の右に、
0を1つつけよう！

700 × 10 ＝ 7000

10をかける
（10倍する）

答え

では、同じようにして、「10をかける（10倍する）」練習をしよう！

次のページの問題を解けるかな♪

11

1 次の計算をしよう！

① $5 \times 10 =$

② $8 \times 10 =$

③ $1 \times 10 =$

④ $12 \times 10 =$

⑤ $19 \times 10 =$

⑥ $24 \times 10 =$

⑦ $36 \times 10 =$

⑧ $50 \times 10 =$

⑨ $95 \times 10 =$

⑩ $184 \times 10 =$

⑪ $311 \times 10 =$

⑫ $720 \times 10 =$

⑬ $100 \times 10 =$

⑭ $608 \times 10 =$

⑮ $1267 \times 10 =$

⑯ $5904 \times 10 =$

⑰ $3020 \times 10 =$

⑱ $8006 \times 10 =$

⑲ $9250 \times 10 =$

⑳ $7100 \times 10 =$

ステップ2

整数に10、100、1000、10000をかけよう！　その1

ステップ1の復習だけど、「15×10＝」の答えは、何になるかな？　そう。15に0を1つつけた、**150が答え**だね。

では、15に、10、100、1000（千）、10000（一万）をそれぞれかけるとどうなると思う？　実は、次のようになるんだ。

（10倍）$15 \times 10 = 150$　　0が1つ増える

（100倍）$15 \times 100 = 1500$　　0が2つ増える

（1000倍）$15 \times 1000 = 15000$　　0が3つ増える

（10000倍）$15 \times 10000 = 150000$　　0が4つ増える

上の式をみて何か気づいたことはあるかな？　そう。「かける数の0の数」と、「答えの0の数」が同じなんだ。

例えば、「15×1000＝15000」は、15に1000をかける計算だね。1000には「0が3つ」あるから、（15に、0を3つつけた）15000が答えになる。

さらに例えば、「638×100＝」なら、次のように計算できるよ。「638×100」の100には、「0が2つ」あるね。だから、「638×100」の答えは、（638に、0を2つつけた）63800だ。

もう1問解いてみよう。例えば、「100×10000＝」も同じように計算できる。「100×10000」の10000には、「0が4つ」あるね。だから、「100×10000」の答えは、（100に、0を4つつけた）1000000だ。

同じようにして、整数に10、100、1000、10000をかける練習をしていこう！

---

1 次の計算をしよう！　0の数を間違えないように、しんちょうに解こう！

▶答えは130ページ

① 67 × 100 ＝

② 4035 × 10 ＝

③ 390 × 1000 ＝

④ 2001 × 10000 ＝

⑤ 6582 × 10 ＝

⑥ 955 × 100 ＝

⑦ 37 × 10000 ＝

⑧ 1 × 1000 ＝

⑨ 2460 × 10 ＝

⑩ 100 × 100 ＝

⑪ 9 × 10000 ＝

⑫ 403 × 1000 ＝

⑬ 8991 × 100 ＝

⑭ 136 × 10 ＝

⑮ 805 × 1000 ＝

⑯ 1000 × 10000 ＝

⑰ 76 × 1000 ＝

⑱ 7020 × 10 ＝

⑲ 540 × 10000 ＝

⑳ 80 × 100 ＝

ステップ3

小数って何？

0.7、3.15、26.089などの数を、小数というんだ。そして、「.（点）」を小数点というよ。

$$0.7$$

小数点

1を10等分した1つ分が0.1だ。

等分とは、ここでは「同じ長さや大きさに分けること」という意味だよ。

1を同じ長さに分けた10個分のうちの、1つ分が0.1ということだね。

1を10等分したようすを図にすると、次のようになるよ。

0　0.1　0.2　0.3　0.4　0.5　0.6　0.7　0.8　0.9　1

また、「1を100等分した1つ分が0.01」で、「1を1000等分した1つ分が0.001」だ。

🔍 小数の位の呼び方

小数点以下の位は、それぞれ次のように呼ぶよ。

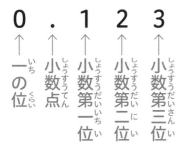

0　.　1　2　3
↑　↑　↑　↑　↑
一の位　小数点　小数第一位　小数第二位　小数第三位

🔍 「整数」に「小数点」が、かくされている⁉

0、1、2、3、4、5、…のような数を、整数というんだったね。
実はどんな整数にも、小数点「.」が、かくされているんだ。どういうことかって？　それをお話しするね。

例えば、整数の「25」なら、どこに小数点が、かくされているんだろう？
答えから言うと、一の位の「5」の右下に小数点がかくされているよ。

$$25 \longrightarrow 25.$$

でも、実は…

ふつうは、小数点
なしで書く

ココに、小数点が
かくされている！

どんな整数でも、次のように、一の位の右下に小数点がかくされているんだ。

(例) 6.　14.　309.　8725.

どの整数も「一の位の右下」に小数点がかくされている！

例えば、整数の「25」なら、「25.」のように小数点が、かくされている。
でも、ふだんは、小数点をつけないで「25」と、そのまま書くのがきまりなんだ。

$$25. \longrightarrow 25$$

小数点が
かくされているけど…

ふだんは、小数点
なしで、整数を書こう!!

13ページで、「整数」に10、100、1000、10000をかける練習をしたね。
実は、さっき教えたのとは別の方法で、10、100、1000、10000をかけることもできるんだ。

例えば、「25×100＝」を計算してみよう！　まず、13ページで教えた方法で
解いてみると、25に0を2つつけて、「25×100＝**2500**」となるね。

ではここから、「新しい方法」を教えるよ。

（例）25×100＝

①「25×100＝□」の、□の部分に、小数点つきの「25.」を書こう。

まだ答えじゃないよ

$$25 \times 100 = 25.$$

小数点をつける

25を小数点つきで書こう

②100には「0」が2つあるから、「25.」の小数点をスタート地点にして、
次のページのように、矢印を（右に）2つかこう。2つめの矢印の先に、
「小数点が動いた」と考えるんだ。

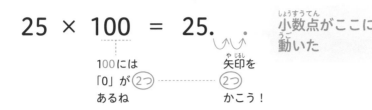

まだ答えじゃないよ

$25 \times 100 = 25.$

100には「0」が②つあるね 　 矢印を②つかこう！

小数点がここに動いた

③ ２つの矢印の上に、２つの「０」を書こう。そうすると、次のように、答えが「2500」だとわかるよ。「25×100＝2500」ということだね（小数点を消して、答えにしよう）。

矢印の上に0を書こう

$25 \times 100 = 2500.$

答えが「2500」だとわかった！

ここで、０と小数点をかくときに、大事な２つのポイントがあるよ。１つめのポイントは、「矢印がへこんでいるところの上に０を書く」ということ。
２つめのポイントは、「矢印の先に、小数点をかく」ということだ。この２つを必ず守るようにしよう。

$25 \times 100 = 2500.$

ポイント2
矢印の先に、小数点をかく

ポイント1 矢印がへこんでいるところの上に0を書く

話をもどすと、「『０の数と同じ数の矢印』を、小数点から右にかく ⇒ 矢印の上に『０』を書いて、答えを出す」という順に解けばいいんだ。

13ページで習った方法のほうが、かんたんだって？　うん。確かに、前の方法のほうが、かんたんだね。でもこのあと、「小数に10、100、1000、10000をかける」練習で、この方法が役に立つんだよ。だから、この方法でも答えを出せるようにしていこう。

では、次のページから、ここまでに習ったことを練習していくよ！

０の数だけ矢印をかけばいいんだね♪

1 ㋐〜㋝に、1つずつ数字を入れて、答えを出そう！　ヒントは、少しずつ減らしていくよ。（9）と（10）は、矢印を自分でかこう！

▶答えは130ページ

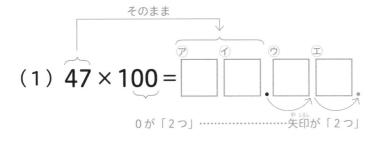

（1）47 × 100 =

答えには、小数点をかかないようにしよう！

答え _____

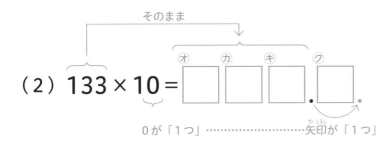

（2）133 × 10 =

答え _____

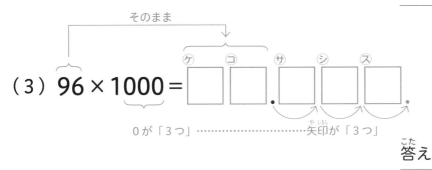

（3）96 × 1000 =

答え _____

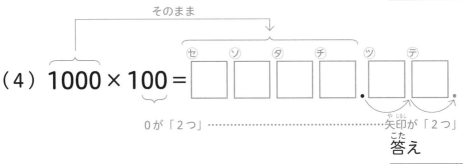

（4）1000 × 100 =

答え _____

(5) $4055 \times 100 =$ ⟨ト⟩ ⟨ナ⟩ ⟨ニ⟩ ⟨ヌ⟩ ⟨ネ⟩ ⟨ノ⟩

0が「2つ」・・・・・・・・・・・・・・・・・・・・・矢印が「2つ」

答え _____

(6) $2 \times 10000 =$ ⟨ハ⟩ ⟨ヒ⟩ ⟨フ⟩ ⟨ヘ⟩ ⟨ホ⟩

0が「4つ」・・・・・・・・・・・・・・・・・・矢印が「4つ」

答え _____

(7) $710 \times 100 =$ ⟨マ⟩ ⟨ミ⟩ ⟨ム⟩ ⟨メ⟩ ⟨モ⟩

答え _____

(8) $2024 \times 10 =$ ⟨ヤ⟩ ⟨ユ⟩ ⟨ヨ⟩ ⟨ラ⟩ ⟨リ⟩

答え _____

(9) $80 \times 100 =$ ⟨ル⟩ ⟨レ⟩ ⟨ロ⟩ ⟨ワ⟩

矢印を自分でかこう！

答え _____

(10) $9 \times 10 =$ ⟨ヲ⟩ ⟨ン⟩

矢印を自分でかこう！

答え _____

21

2 次の（例）のように、矢印と、（動く前と、動いた後の）2つの小数点をつけて計算しよう！（答えには、小数点をつけないようにね）

▶答えは131ページ

（例）

$$512 \times 100 = 512.00.$$

動いた後の小数点

答え　　51200

動く前の小数点　　矢印

答えには小数点
をつけないでね

（1）$308 \times 10 =$　　　　答え＿＿＿＿＿＿＿＿＿＿

（2）$16 \times 1000 =$　　　　答え＿＿＿＿＿＿＿＿＿＿

（3）$9523 \times 100 =$　　　　答え＿＿＿＿＿＿＿＿＿＿

（4）$457 \times 10000 =$　　　　答え＿＿＿＿＿＿＿＿＿＿

（5）$800 \times 100 =$　　　　答え＿＿＿＿＿＿＿＿＿＿

（6）$3001 \times 10 =$　　　　答え＿＿＿＿＿＿＿＿＿＿

（7）$5 \times 1000 =$　　　　答え＿＿＿＿＿＿＿＿＿＿

（8）$1100 \times 10000 =$　　　　答え＿＿＿＿＿＿＿＿＿＿

（9）$902 \times 100 =$　　　　答え＿＿＿＿＿＿＿＿＿＿

（10）$6070 \times 10000 =$　　　　答え＿＿＿＿＿＿＿＿＿＿

ステップ5

小数に10、100、1000、10000をかけよう！

ステップ4では、整数に10、100、1000、10000をかける練習をしたね。
じゃあ、小数に10、100、1000、10000をかけると、どうなるだろう？
整数のとき（ステップ4）と解き方は同じだよ。さっそく解いてみよう！

（例）0.385×100＝

① 「0.385×100＝□」の、□の部分に、「0.385」を書こう。

まだ答えじゃないよ

$$0.385 \times 100 = 0.385$$

0.385をそのまま書こう

②100には「0」が2つあるから、「0.385」の小数点をスタート地点にして、次のように、矢印を（右に）2つかこう。2つめの矢印の先に、「小数点が動いた」と考えるんだ。

まだ答えじゃないよ

$$0.385 \times 100 = 0.38.5$$

100には
「0」が ②つ
あるね

矢印を
②つ
かこう！

小数点がここに
動いた

③左の「0.」を消すと、次のページのように、答えが「38.5」だとわかるよ。「0.385×100＝38.5」ということだね。

$$0.385 \times 100 = 0.38.5$$

答えが「38.5」
だとわかった！

0と、(動く前の)
小数点を消す

さらに、解いてみよう。基本の解き方は同じだよ。

（例）$8.7 \times 1000 =$

① 「$8.7 \times 1000 = \square$」の、□の部分に、「8.7」を書こう。

まだ答えじゃないよ

$$8.7 \times 1000 = 8.7$$

8.7をそのまま書こう

②1000には「0」が3つあるから、「8.7」の小数点をスタート地点にして、次のように、矢印を（右に）3つかこう。3つめの矢印の先に、「小数点が動いた」と考えるんだ。

まだ答えじゃないよ

$$8.7 \times 1000 = 8.7$$

小数点がここに
動いた

1000には
「0」が 3つ
あるね

矢印を
3つ
かこう！

③そして、矢印の上（空いているところ）に「0」を書こう。16ページで習ったように、「整数では、数の右下に小数点がくる」んだったよね。小数点を消すと、次のように、答えが、整数の「8700」だとわかるよ。「8.7×1000＝8700」ということだね。

矢印の上に0を書こう

$$8.7 \times 1000 = 8,700$$

答えが「8700」だとわかった！

小数点を消す

最後に、もう1問、解いてみよう。基本の解き方は同じだよ。

（例）0.62×100＝

①「0.62×100＝□」の、□の部分に、「0.62」を書こう。

まだ答えじゃないよ

$$0.62 \times 100 = 0.62$$

0.62をそのまま書こう

②100には「0」が2つあるから、「0.62」の小数点をスタート地点にして、次のページのように、矢印を（右に）2つかこう。2つめの矢印の先に、「小数点が動いた」と考えるんだ。

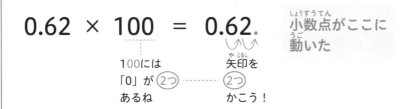

まだ答えじゃないよ

$$0.62 \times 100 = 0.62.$$

100には
「0」が ②つ
あるね

矢印を
②つ
かこう！

小数点がここに
動いた

③小数点が、「0.62」のちょうど右下にきたね。「0.62.」の色のついた部分（0と、2つの小数点）を消して、答えは「62」だ。
「0.62×100＝62」ということだね。

$$0.62 \times 100 = 0.62.$$

0と、
小数点を消す

答えが「62」
だとわかった！

では、ここまでに習ったことを練習してみよう！

1 次の（例）のように、矢印をかいて、答えを出そう！　矢印の個数を間違えないように気をつけようね。

▶答えは131ページ

①まず、「1.2」を書く

③矢印の上に「0」を書いて、答えを出す

（例）①、②、③の順に解こう！

$$1.2 \times 1000 = 1.200. \Rightarrow \text{答え} \quad 1200$$

②「0」の数（3つ）だけ矢印をかいて、小数点を動かす

（1） $5.98 \times 10 =$ 　　答え

（2） $0.7 \times 1000 =$ 　　答え

（3） $0.33 \times 100 =$ 　　答え

（4） $9.46 \times 10000 =$ 　　答え

（5） $25.1 \times 100 =$ 　　答え

（6） $6.005 \times 10 =$ 　　答え

（7） $3.28 \times 1000 =$ 　　答え

（8） $0.049 \times 10000 =$ 　　答え

（9） $590.02 \times 1000 =$ 　　答え

（10） $0.01 \times 100 =$ 　　答え

10、100、1000をかけたり、割ったり

ステップ6

10、100、1000、10000で割ろう!

例えば、「20」に小数点をつけると、「20.」だね。その20を10で割ると、「20÷10＝2」だ。これを図にすると、次のようになる。

答えが「2」
だとわかった!

$$20 ÷ 10 = 2.0.$$

小数点が左に
動く!

10には
「0」が①つ
あるね

矢印を
①つ
かこう!

10、100、1000、10000をかけると、「0」の数だけ、小数点は右に動いたね。

でも、10、100、1000、10000で割ると、「0」の数だけ、小数点は左に動くということなんだ。まとめると、次のようになるよ。

小数点の動き方

・10、100、1000、10000をかける ⇒ 「0」の数だけ、小数点は右に動く
・10、100、1000、10000で割る ⇒ 「0」の数だけ、小数点は左に動く

これだけおさえれば、「10、100、1000、10000で割る計算」も、「10、100、1000、10000をかける計算」と、解き方はほとんど同じだよ。では、実際に解いてみよう!

（例）29÷100＝

①「29÷100＝□」の、□の部分に、「29.（29に小数点をつけたもの）」を書こう。

ここにスキマをあけておこう

$$29 \div 100 = \quad 29.$$

小数点

29に小数点をつけて書こう

②100には「0」が2つあるから、「29.」の小数点をスタート地点にして、次のように、矢印を（左に）2つかこう。2つめの矢印の先に、「小数点が動いた」と考えるんだ。

小数点がここに動いた

$$29 \div 100 = .29.$$

100には「0」が ②つ あるね

矢印を左に ②つ かこう！

③このままだと「.29」という形だから、「.29」の左に「0」を書くと、「0.29」になる。「29÷100＝0.29」ということだよ。

ここに0を書こう

$$29 \div 100 = 0.29$$

答えが「0.29」だとわかった！

動く前の小数点を消す

前のページのポイントは「矢印の先に、小数点をかく」ということだ。

矢印の先に、小数点をかく

$$29 \div 100 = 0.29$$

さらに、解いてみよう。基本の解き方は同じだよ。

（例）$7.8 \div 1000 =$

① 「$7.8 \div 1000 = \square$」の、$\square$の部分に、「7.8」を書こう。

ここにスキマをあけておこう

$$7.8 \div 1000 = \underset{\text{7.8をそのまま書こう}}{\overbrace{}}\ 7.8$$

②1000には「0」が3つあるから、「7.8」の小数点をスタート地点にして、次のように、矢印を（左に）3つかこう。3つめの矢印の先に、「小数点が動いた」と考えるんだ。

小数点がここに動いた

$$7.8 \div 1000 = .\ 7.8$$

1000には
「0」が ③つ
あるね

矢印を左に
③つ
かこう！

③そして、「矢印の上」と、「動いた後の小数点の左」に「０」を書こう。すると、答えが0.0078だとわかる。「7.8÷1000＝0.0078」ということだ。

ここに0を書こう

$$7.8 \div 1000 = 0.007\,8$$

答えが「0.0078」だとわかった！

動く前の小数点を消す

最後に、もう１問、解いてみよう。基本の解き方は同じだよ。

（例）5400÷100＝

①「5400÷100＝□」の、□の部分に、「5400.（5400に小数点をつけたもの）」を書こう。

$$5400 \div 100 = 5400.$$

小数点

5400に小数点をつけて書こう

②100には「０」が２つあるから、「5400.」の小数点をスタート地点にして、次のページのように、矢印を（左に）２つかこう。２つめの矢印の先に、「小数点が動いた」と考えるんだ。

31

小数点がここに動いた

$$5400 \div 100 = 54.00.$$

100には 「0」が ②つ あるね

矢印を左に ②つ かこう!

③すると、「54.00.」になる。「2つの小数点」と「矢印の上の2つの0」を消して、答えは(整数の)54ということだ。「5400÷100＝54」だね。

0を消す

$$5400 \div 100 = 54.00.$$

答えが「54」だとわかった!

小数点を消す

※このように、小数点より右がわに0がある場合、いちばん右はしの0は消して、答えにするようにしよう。例えば別の問題で、「3.57000」と求められたときも、いちばん右の0を3つ消して、答えを「3.57」とするんだ。

では、ここまでに習ったことを練習してみよう!

かけ算のとき、小数点は右に動いたけど
割り算では左に動くんだね♪

1 次の（例）のように、矢印をかいて、答えを出そう！　矢印の個数を間違えないように気をつけようね。

▶答えは131ページ

（例）①、②、③の順に解こう！

③矢印の上と、小数点の左に、「0」を書いて答えを出す　　①まず、「86.9」を書く

86.9 ÷ 1000 ＝ 0.086.9　⇒　答え　0.0869

②「0」の数（3つ）だけ矢印をかいて、小数点を左に動かす

（1）958.2 ÷ 100 ＝　　　答え _____

（2）6 ÷ 1000 ＝　　　答え _____

（3）0.01 ÷ 10 ＝　　　答え _____

（4）4010 ÷ 10000 ＝　　　答え _____

（5）3.9 ÷ 1000 ＝　　　答え _____

（6）7500 ÷ 10 ＝　　　答え _____

（7）90 ÷ 100 ＝　　　答え _____

（8）0.23 ÷ 1000 ＝　　　答え _____

（9）34 ÷ 10000 ＝　　　答え _____

（10）680000 ÷ 100 ＝　　　答え _____

※おうちの方へ：この本では、読者の対象年齢などを考慮し、分数については扱いません。そのため、巻末の解答にも、小数の答えだけを載せています。

（1問10点、計100点）（合格点80点）

ここまでに習ったことのまとめテストをしよう！

▶答えは131ページ

（1）$951 \div 10 =$ 　　　　　　　　　答え _____

（2）$0.6 \times 100 =$ 　　　　　　　　答え _____

（3）$20 \div 1000 =$ 　　　　　　　　答え _____

（4）$8.003 \times 10 =$ 　　　　　　　答え _____

（5）$700 \times 1000 =$ 　　　　　　　答え _____

（6）$0.3 \div 100 =$ 　　　　　　　　答え _____

（7）$64.05 \times 10000 =$ 　　　　　　答え _____

（8）$6600 \div 10000 =$ 　　　　　　答え _____

（9）$1859 \times 100 =$ 　　　　　　　答え _____

（10）$105.5 \div 1000 =$ 　　　　　　答え _____

「長さの単位の計算」を マスターしよう！

長さの単位 cmとm

ここから、いよいよ「単位」について学んでいくよ！ まず、長さの単位から始めよう。

長さの単位として、はじめに、cmとmについてみていくよ。それぞれの書き方は、次の通りだ。

そして、1mと100cmは、同じ長さなんだ。

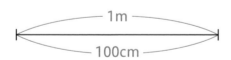

1mと100cmが同じ長さであることを、「＝」を使って、「1m＝100cm」と表すよ。

$$1m = 100cm$$

この「＝」は1mと100cmが同じ長さであることを表す！

単位の計算をしてみよう！

まず、次の問題をみてほしい。

問題

次の□にあてはまる数を入れよう！

$$3\,m = \boxed{}\,cm$$

さっそく、□にあてはまる数を考えていこう！
次のように、1mと3mを比べると、答えがわかるんじゃないかな？

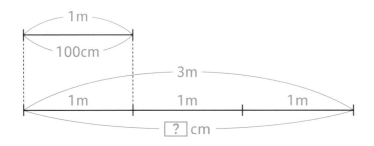

「1m＝100cm」で、3mはその3倍だから、「100×3」を計算すれば、□に入る数がわかりそうだね。

「100×3＝300」だから、「3m＝ 300 cm」ということだよ。□に入る数（答え）は、300ということだ。

この問題では「100×3」を計算して、mの単位をcmの単位にかえたね。

このように、「mをcmに」直したり、「cmをmに」直したりする、「単位の計算」の練習をしていこう！

$$3m = 300cm$$

別の単位にかえる

mをcmに、cmをmに直してみよう！

この本では、「1 m ＝ 100cm」を、「基本の関係」と呼ぼう！（例えば、「1 m ＝ 100cm」の「1 mと100cm」を入れかえた、「100cm ＝ 1 m」も、「基本の関係」だ）

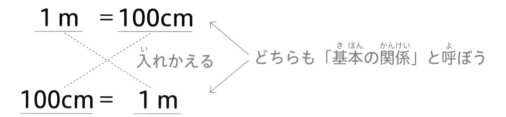

では、さらに「単位の計算」の問題を、一緒に解いていこう。

第1章

「長さの単位の計算」をマスターしよう！

問題1

次の□にあてはまる数を入れよう！

15m ＝ □ cm

ほとんどの「単位の計算」の問題は、3つのステップで解けるんだ。3つのステップで解けるから、この方法を「3ステップ法」と名づけるよ。3ステップ法の流れをおさえていこう！

「15m＝□cm」の色をつけた部分（mと＝とcm）だけをそのまま下に写そう。そこに、「基本の関係（1m＝100cm）」の「1と100」を書こう。

15m ＝ □ cm
↓ ↓   ↓
基本の関係　1 m ＝ 100 cm

色をつけた部分を下におろし、
基本の関係（1m＝100cm）
の数字を書く

「基本の関係」の数字（1と100）をみてみよう。「1m＝100cm」だから、mをcmに直すには、100をかければいいとわかる。

15m ＝ □ cm

基本の関係　1 m ＝ 100cm
　　　　　　100をかければよい

同じように、15に100をかけると、□に入る数（答え）がわかる。（15×100＝）1500だね（「100をかける計算」のしかたは13ページにのっているよ）。「15m＝1500cm」ということだ（答えは1500だよ）。

×100
15m ＝ 1500 cm

基本の関係　1 m ＝ 100cm
×100

では、逆に、cmをmに直す問題を解いてみよう。

問題 2

次の□にあてはまる数を入れよう！

7 cm = □ m

同じように、3ステップ法で解いていこう！

ステップ1

「7 cm = □ m」の色をつけた部分（cmと＝とm）だけをそのまま下に写そう。そこに、「基本の関係（100cm = 1 m）」の「100と1」を書こう。

$$7 \text{ cm} = \boxed{} \text{ m}$$

$$\downarrow \quad \downarrow \quad \downarrow$$

基本の関係　100cm ＝　1　m

色をつけた部分を下におろし、基本の関係（100cm = 1 m）の数字を書く

ステップ2

「基本の関係」の数字（100と1）をみてみよう。「100cm = 1 m」だから、cmをmに直すには、100で割ればいいとわかる。

$$7 \text{ cm} = \boxed{} \text{m}$$

基本の関係　100cm ＝　1　m

100で割ればよい

同じように、7を100で割ると、□に入る数（答え）がわかる。
（7÷100＝）0.07だね（「100で割る計算」のしかたは28ページ〜にのっているよ）。「7cm＝0.07m」ということだ（答えは0.07だよ）。

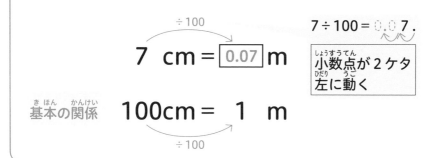

$$7 \div 100 = 0.07$$

小数点が2ケタ
左に動く

7 cm ＝ 0.07 m

基本の関係　100cm ＝ 1 m

÷100

では次のページから、3ステップ法で、mをcmに、cmをmに直す練習をしてみよう！

ステップ1、ステップ2、ステップ3の
流れを少しずつおさえていこう♪

1 □にあてはまるものを書こう！　□には、数や＝、cm、mが入るよ。また、同じカタカナの記号には、同じ数が入るからね（わからなければ、37ページ〜をみながら、するといいよ）。　▶答えは131ページ

(問題)「40m＝ ? cm」の？にあてはまる数を、3ステップ法で考えよう。

ステップ1

「40m＝ ? cm」の色をつけた部分（mと＝とcm）だけをそのまま下に写そう。

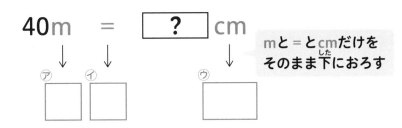

40m　＝　□? cm

mと＝とcmだけを
そのまま下におろす

㋐　㋑　㋒

そこに、「基本の関係（1m＝100cm）」の「1と100」を書こう。

40m　＝　□? cm

基本の関係を
書こう！

㋓ □ m　＝　㋔ □ cm

「基本の関係」の数字（1と100）をみてみよう。「1m＝100cm」だから、mをcmに直すには、100をかければいいとわかる。

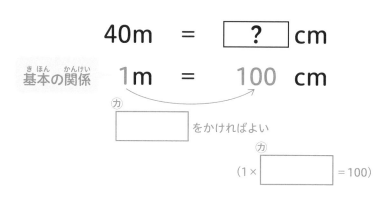

40m ＝ ? cm

基本の関係 1m ＝ 100 cm

カ をかければよい

(1× カ ＝100)

同じように、40に100をかけると、 ? に入る数（答え）がわかる。（40×100＝）4000だね。「40m＝4000cm」ということだ（答えは4000だよ）。

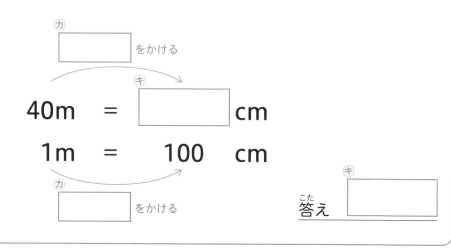

カ をかける

40m ＝ キ cm

1m ＝ 100 cm

カ をかける

キ

答え _____

2 □にあてはまるものを書こう！　□には、数や＝、cm、mが入るよ。また、同じ記号には、同じ数が入るからね（わからなければ、39ページ〜をみながら、するといいよ）。　▶答えは132ページ

（問題）「90cm ＝ ? m」の？にあてはまる数を、3ステップ法で考えよう。

ステップ1

「90cm ＝ ? m」の色をつけた部分（cmと＝とm）だけをそのまま下に写そう。

$$90\text{cm} \quad = \quad \boxed{?} \;\text{m}$$

⤵　　⤵　　　　　　　⤵
㋐　　㋑　　　　　　　㋒

cmと＝とm
だけをそのまま
下におろす

そこに、「基本の関係（100cm＝1m）」の「100と1」を書こう。

基本の
関係を
書こう！

㋓ □ cm ＝ ㋔ □ m

「基本の関係」の数字（100と1）をみてみよう。「100cm ＝ 1 m」だから、cmをmに直すには、100で割ればいいとわかる。

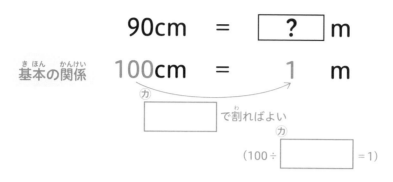

90cm ＝ [?] m

基本の関係　100cm ＝ 1 m

カ

□で割ればよい

カ

（100 ÷ □ ＝ 1）

ステップ3

同じように、90を100で割ると、[?] に入る数（答え）がわかる。
（90 ÷ 100 ＝）0.9だね。「90cm ＝ 0.9m」ということだ（答えは0.9だよ）。

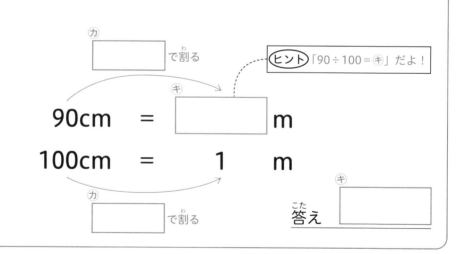

カ
□で割る

ヒント「90 ÷ 100 ＝ キ」だよ！

キ
90cm ＝ □ m

100cm ＝ 1 m

カ
□で割る

キ
答え ___

3 次の（例）は、41ページの **❶**「40m＝□cm」の、ステップ１、ステップ２、ステップ３を合体させたものだよ。

・上の（例）と同じように、「1.2m＝□cm」の□に入る数を求めてみよう！
上の（例）の青い字の部分（点線に囲まれた中）を、自分で、次の図にかこう！「ステップ１→ステップ２→ステップ３」の順を守って、いつもこの順に解くようにしてね。　　　　　　　　　　　　　▶答えは132ページ

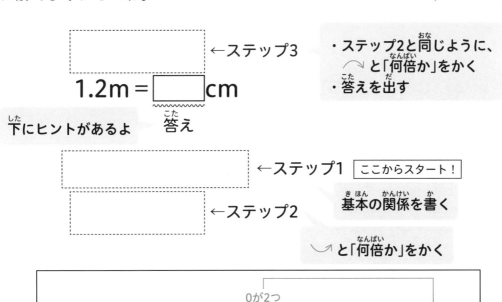

4 次の（例）は、43ページの **2**「90cm＝□m」の、ステップ１、ステップ２、ステップ３を合体させたものだよ。

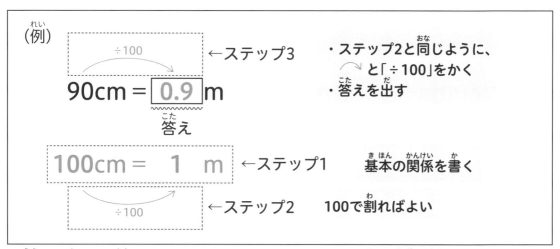

・上の（例）と同じように、「8cm＝□m」の□に入る数を求めてみよう！
上の（例）の青い字の部分（点線に囲まれた中）を、自分で、次の図にかこう！「ステップ１→ステップ２→ステップ３」の順を守って、いつもこの順に解くようにしてね。

▶答えは132ページ

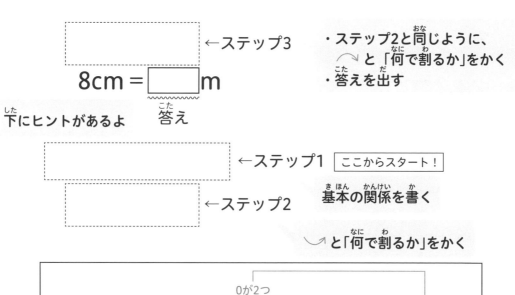

5 次の問題を解こう！　　　　　　　　　　　　▶答えは133ページ

（1）この問題は、点線がないけど、45ページと同じように解こう。「ステップ1→ステップ2→ステップ3」の順に書いてね（点線はかかなくてもいいよ）。

←ステップ3と答え

$$2.01m = \boxed{} cm$$
答え

←ステップ1　ここからスタート！

←ステップ2

（2）この問題は、点線もステップもないけど、（1）と同じように解こう。ステップは書いていないけど、「ステップ1→ステップ2→ステップ3」の順に書いてね（点線やステップはかかなくてもいいよ）。

$$60m = \boxed{} cm$$
答え

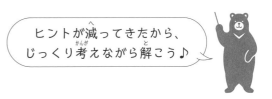

ヒントが減ってきたから、じっくり考えながら解こう♪

6 次の問題を解こう！

▶答えは133ページ

（1）この問題は、点線がないけど、46ページと同じように解こう。「ステップ1→ステップ2→ステップ3」の順に書いてね（点線はかかなくてもいいよ）。

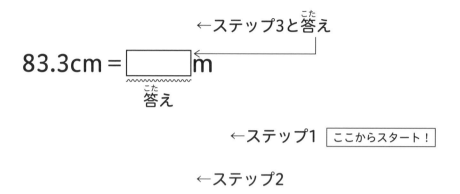

←ステップ3と答え

83.3cm = [　　　] m
　　　　　答え

←ステップ1 ここからスタート！

←ステップ2

（2）この問題は、点線もステップもないけど、（1）と同じように解こう。ステップは書いていないけど、「ステップ1→ステップ2→ステップ3」の順に書いてね（点線やステップはかかなくてもいいよ）。

77cm = [　　　] m
　　　　答え

7 点線もステップもない問題にチャレンジしてみよう！ 次の（例1）と
（例2）のように、それぞれ、①、②、③の順に解いてから、□にあて
はまる数を答えよう。
はじめは無理しないで、①、②、③の順に解いてほしいけど、もしでき
そうだったら、いきなり答えを書いても大丈夫だよ。 ▶答えは134ページ

（例1）
最後に答え
を書く
×100③
$0.71m = \boxed{71} cm$
① $1\ m = 100\ cm$
×100②

（例2）
最後に答え
を書く
÷100③
$50\ cm = \boxed{0.5}\ m$
① $100cm = 1\ m$
÷100②

（1）
$100.5cm = \boxed{} m$

（2）
$600m = \boxed{} cm$

（3）
$99cm = \boxed{} m$

（4）
$0.8m = \boxed{} cm$

（5）
$6.93m = \boxed{} cm$

（6）
$40cm = \boxed{} m$

（7）
$20.11cm = \boxed{} m$

（8）
$0.047m = \boxed{} cm$

ここまでに習った「cmとm」の10問テスト

（1問10点、計100点）（合格点80点）

ここまでに習った「cmとm」のテストをするよ。 ☐ に入る数を答えよう！

▶答えは134ページ

（1）

51m = ☐ cm

（2）

82cm = ☐ m

（3）

0.2m = ☐ cm

（4）

800m = ☐ cm

（5）

5cm = ☐ m

（6）

3.65m = ☐ cm

（7）

9.007m = ☐ cm

（8）

1.1cm = ☐ m

（9）

0.47cm = ☐ m

（10）

2025cm = ☐ m

長さの単位　mm、cm、m、km

長さの単位にはcmとmのほかに、mm、kmがあるんだ。それぞれの書き方は、次の通りだよ。

 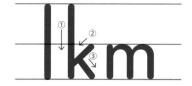

そして、1mm、1cm、1m、1kmのそれぞれの関係は、次のように表されるんだ（実際の長さではなく、長さの関係を表した図だよ）。

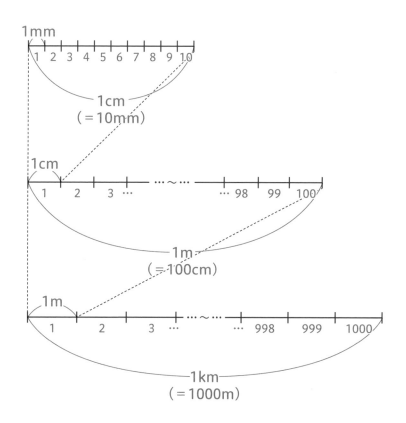

mm、cm、m、kmの関係をまとめると、次のようになるよ。

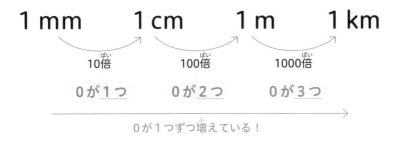

1 mmの10倍が1 cm、1 cmの100倍が1 m、1 mの1000倍が1 kmになっている。10倍、100倍、1000倍と、0が1つずつ増えているから覚えやすそうだね！

今までの「基本の関係」は「1 m＝100cm」と、その左右をひっくり返した「100cm＝1 m」だけだったね。mmとkmを習ったから、これからは、次のように「基本の関係」が増えるよ。

●ここまでの「基本の関係」のまとめ

1 cm＝10mm	1 m＝100cm	1 km＝1000m
10mm＝1 cm	100cm＝1 m	1000m＝1 km

「1 m = ◻mm」の◻には何が入る？

ここで、次の問題をみてみよう。

問題 1

次の◻にあてはまる数を入れよう！

$$1 m = \boxed{} mm$$

この問題をみて「あれ？」と思った人もいるんじゃないかな？
「1 m = 100cm」、「1 cm = 10mm」だけど、じゃあ、1 mは何mmなんだろう？

$$\left. \begin{array}{l} 1m = 100cm \\ 1cm = 10mm \end{array} \right) \rightarrow では、1mは何mm ？$$

1 mmの10倍が1 cmだね。さらに、1 cmの100倍が1 mだ。
つまり下の図のように、1 mmの10倍の、さらに100倍が、1 mってことだよ。

「10（倍）の100倍」を式にすると、「10×100」だ。
「10×100」を計算すると、10×100 = 1000だから、1 mmの1000倍が1 m
だよ。これは、次のように表されるんだ。

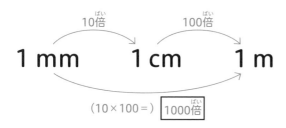

1 mmの1000倍が1 mだから、「1 m = 1000mm」だ。◻に入る数は1000と
いうことだね。

問題 1 の答え　1000

次の□にあてはまる数を入れよう！

$$\boxed{}cm = 1\,km$$

「1 km ＝ 1000m」、「1 m ＝ 100cm」だけど、じゃあ、1 kmは何cmなんだろう？

$$1km = 1000m$$
$$1m\ \ = 100cm$$
→では、1kmは何cm ？

1 cmの100倍が 1 mだね。さらに、1 mの1000倍が 1 kmだ。
つまり下の図のように、1 cmの100倍の、さらに1000倍が、1 kmってことだよ。

「100（倍）の1000倍」を式にすると、「100×1000」だ。
「100×1000」を計算すると、100×1000 ＝ 100000だから、1 cmの100000倍が 1 kmだよ。これは、次のように表されるんだ。

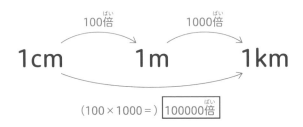

1 cmの100000倍が 1 kmだから、「1 km ＝ 100000cm」だ。□に入る数は100000ということだね。

問題 2 の答え　100000

ここまでをふまえて、次のページの問題を解いてみよう！

1 次の□にあてはまる数を入れよう！（同じ記号には、同じ数が入るよ）

▶答えは134ページ

（1）　1 m ＝ ⑦[　　　] cm

（2）　⑦[　　　] m ＝ 1 km

（3）　⑦[　　　] mm ＝ 1 cm

（4）　⑦[　　　] mm ＝ 1 m

解き方　1 m ＝ ⑦[　　　] cmで、1 cm ＝ ⑩[　　　] mmだから、

1 m ＝ ⑦[　　　] × ⑩[　　　] ＝ ⑦[　　　] mm

（5）　1 km ＝ ⑨[　　　] cm

解き方　1 km ＝ ⑪[　　　] mで、1 m ＝ ⑰[　　　] cmだから、

1 km ＝ ⑪[　　　] × ⑰[　　　] ＝ ⑨[　　　] cm

（6）　⑳[　　　] mm ＝ 1 km

解き方　1 km ＝ ㉑[　　　] m、1 m ＝ ㉒[　　　] cm、

1 cm ＝ ㉓[　　　] mmだから、

1 km ＝ ㉑[　　　] × ㉒[　　　] × ㉓[　　　]

＝ ⑳[　　　] mm

第1章 「長さの単位の計算」をマスターしよう！

mをmmに、mmをmに直してみよう！

53ページの復習をしよう。1mmの10倍が1cmだね。さらに、1cmの100倍が1mだ。つまり、1mmの10倍の、さらに100倍が、1mってことだね。

「10×100」を計算すると、10×100＝1000だから、1mmの1000倍が1mだ。だから、「1m＝1000mm」だよ。

この「1m＝1000mm」のような関係も、「基本の関係」に入れよう。つまり、次の関係は、すべて「基本の関係」だよ。

● ここまでの「基本の関係」のまとめ

1cm＝10mm、　　1m＝100cm、　　　　1km＝1000m

1m＝1000mm、　1km＝100000cm、　1km＝1000000mm

↓　| 「＝」の左右をひっくり返したものも「基本の関係」だ |

10mm＝1cm、　　100cm＝1m、　　　　1000m＝1km

1000mm＝1m、　100000cm＝1km、　1000000mm＝1km

「基本の関係」が一気に増えちゃったけど、これは全部覚える必要はないから安心してね。

例えば、「1cm＝10mm」と「1m＝100cm」を知っていれば、そこから「1m＝1000mm」であることがわかったよね。

では、次のページから「mをmmに直す問題」を、一緒に解いていこう。

問題 1

次の□にあてはまる数を入れよう！

72m = [   ] mm

37ページ〜で習った、「mとcmの問題」と解き方は、ほとんど同じだよ。
3ステップ法で解けるんだったね。思い出しながら解いていこう。

ステップ 1

「72m = [   ] mm」の色をつけた部分（mと＝とmm）だけをそのま
ま下に写そう。そこに、「基本の関係（1m＝1000mm）」の「1と1000」
を書こう。

72m = [?   ] mm

↓   ↓   ↓

基本の関係　　1m ＝ 1000 mm

色をつけた部分を
下におろし、
基本の関係
（1m＝1000mm）の
数字を書く

ステップ 2

「基本の関係」の数字（1と1000）をみてみよう。「1m＝1000mm」だ
から、mをmmに直すには、1000をかければいいとわかる。

72m = [?   ] mm

1m ＝ 1000 mm

1000をかければよい

ステップ3

同じように、72に1000をかけると、□に入る数（答え）がわかる。（72×1000＝）72000だね。「72m＝72000mm」ということだ（答えは72000だよ）。

$$72m = \boxed{72000}\ mm$$
$$1m = 1000\ mm$$

×1000

×1000

基本の関係さえおさえておけば、「mとcm」のときと同じ解き方だね。
では、逆に、「mmをmに直す問題」を解いてみよう。

問題 2

次の□にあてはまる数を入れよう！

$$180mm = \boxed{}\ m$$

同じように、3ステップ法で解いていこう！

ステップ1

「180mm＝□m」の色をつけた部分（mmと＝とm）だけをそのまま下に写そう。そこに、「基本の関係（1000mm＝1m）」の「1000と1」を書こう。

$$180mm = \boxed{?}\ m$$
$$1000mm = 1\ m$$

基本の関係

色をつけた部分を下におろし、基本の関係（1000mm＝1m）の数字を書く

58

ステップ2

「基本の関係」の数字（1000と1）をみてみよう。「1000mm＝1m」だから、mmをmに直すには、1000で割ればいいとわかる。

$$180\text{mm} = \boxed{?}\ \text{m}$$

$$1000\text{mm} = \quad 1 \quad \text{m}$$

1000で割ればよい

ステップ3

同じように、180を1000で割ると、□に入る数（答え）がわかる。（180÷1000＝）0.18だね（「1000で割る計算」のしかたは30ページにのっているよ）。「180mm＝0.18m」ということだ（答えは0.18だよ）。

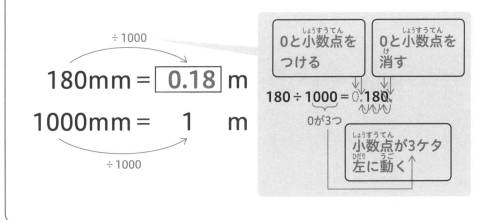

÷1000

$$180\text{mm} = \boxed{0.18}\ \text{m}$$

$$1000\text{mm} = \quad 1 \quad \text{m}$$

÷1000

0と小数点をつける　　0と小数点を消す

$$180 \div 1000 = 0.180$$

0が3つ

小数点が3ケタ左に動く

では次のページから、3ステップ法で、mをmmに、mmをmに直す練習をしてみよう！

1 □にあてはまるものを書こう！ □には、数や＝、mm、mが入るよ。また、同じ記号には、同じ数が入るからね（わからなければ、57ページ〜をみながら、するといいよ）。

▶答えは135ページ

（問題）「80m ＝ ? mm」の？にあてはまる数を、3ステップ法で考えよう。

ステップ1

「80m ＝ ? mm」の色をつけた部分（mと ＝ とmm）だけをそのまま下に写そう。

$$80m \quad = \quad \boxed{?} \quad mm$$

↓　　↓　　　　　　　↓

ⓐ □　ⓘ □　　　　　　ⓤ □

mと ＝ と
mmだけを
下におろす

そこに、「基本の関係（1m＝1000mm）」の「1と1000」を書こう。

$$80m \quad = \quad \boxed{?} \quad mm$$

基本の関係を
書こう！

ⓔ □ m ＝ ⓞ □ mm

ステップ2

「基本の関係」の数字（1と1000）をみてみよう。「1 m＝1000mm」だから、mをmmに直すには、1000をかければいいとわかる。

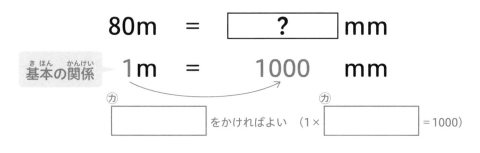

80m ＝ [?] mm

基本の関係 1m ＝ 1000 mm

㋕ [   ] をかければよい （1× ㋕ [   ] ＝1000）

ステップ3

同じように、80に1000をかけると、[?] に入る数（答え）がわかる。（80×1000＝）80000だね。「80m＝80000mm」ということだ（答えは80000だよ）。

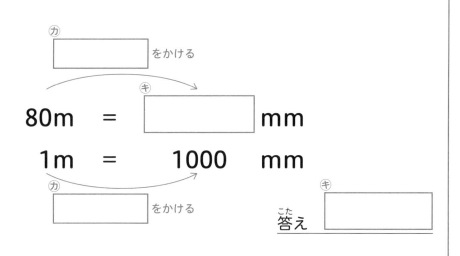

㋕ [   ] をかける

80m ＝ ㋖ [   ] mm

1m ＝ 1000 mm

㋕ [   ] をかける

答え ㋖ [   ]

2 □にあてはまるものを書こう！ □には、数や＝、mm、mが入るよ。また、同じ記号には、同じ数が入るからね（わからなければ、58ページ〜をみながら、するといいよ）。

▶答えは135ページ

（問題）「200mm＝ ? m」の？にあてはまる数を、3ステップ法で考えよう。

ステップ1

「200mm＝ ? m」の色をつけた部分（mmと＝とm）だけをそのまま下に写そう。

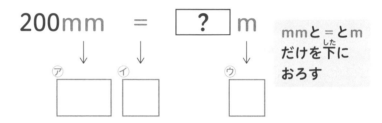

200mm　＝　 ? m

mmと＝とm
だけを下に
おろす

㋐　　　㋑　　　　　㋒

そこに、「基本の関係（1000mm＝1m）」の「1000と1」を書こう。

200mm　＝　 ? m

基本の
関係を
書こう！

㋓　　　　　mm　＝　 ㋔ m

ステップ2

「基本の関係」の数字(1000と1)をみてみよう。「1000mm = 1 m」だから、mmをmに直すには、1000で割ればいいとわかる。

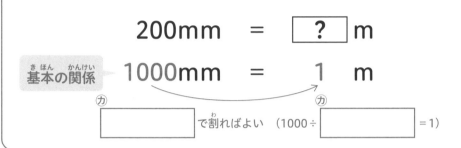

200mm　=　?　m

基本の関係　1000mm　=　1　m

㋒ □　で割ればよい　(1000 ÷ ㋒ □ = 1)

ステップ3

同じように、200を1000で割ると、?　に入る数(答え)がわかる。
(200 ÷ 1000 =) 0.2だね。「200mm = 0.2m」ということだ(答えは0.2だよ)。

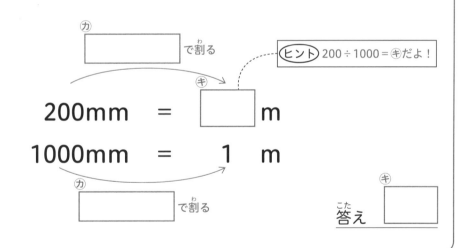

㋒ □　で割る

ヒント　200 ÷ 1000 = ㋖ だよ!

200mm　=　㋖ □　m

1000mm　=　1　m

㋒ □　で割る

答え ㋖ □

3 次の（例）は、60ページの **1**「80m＝□mm」の、ステップ１、ステップ２、ステップ３を合体させたものだよ。

・上の（例）と同じように、「0.61m＝□mm」の□に入る数を求めてみよう！
上の（例）の青い字の部分（点線に囲まれた中）を、自分で、次の図にかこう！「ステップ１→ステップ２→ステップ３」の順を守って、いつもこの順に解くようにしてね。

▶答えは135ページ

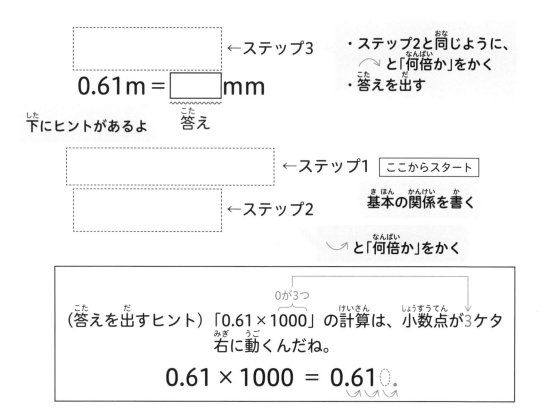

4 次の（例）は、62ページの **2**「200mm ＝ □m」の、ステップ１、ステップ２、ステップ３を合体させたものだよ。

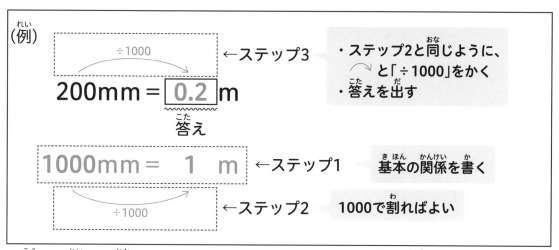

（例）

200mm ＝ [0.2] m　←ステップ3　　・ステップ2と同じように、⤵と「÷1000」をかく　・答えを出す

答え

1000mm ＝ 1 m　←ステップ1　　基本の関係を書く

←ステップ2　　1000で割ればよい

・上の（例）と同じように、「50mm ＝ □m」の□に入る数を求めてみよう！上の（例）の青い字の部分（点線に囲まれた中）を、自分で、次の図にかこう！「ステップ１→ステップ２→ステップ３」の順を守って、いつもこの順に解くようにしてね。

▶答えは135ページ

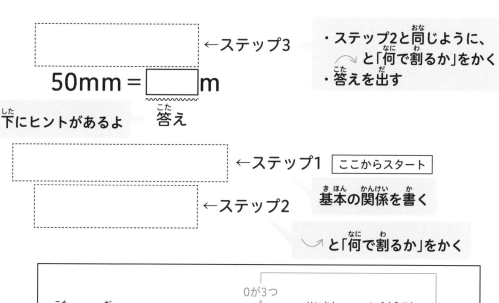

←ステップ3　　・ステップ2と同じように、⤵と「何で割るか」をかく　・答えを出す

50mm ＝ [ ] m

下にヒントがあるよ　　答え

←ステップ1　　ここからスタート

←ステップ2　　基本の関係を書く

⤵と「何で割るか」をかく

（答えを出すヒント）「50÷1000」の計算は、小数点が3ケタ左に動くんだね。

0が3つ

50 ÷ 1000 ＝ 0.050.

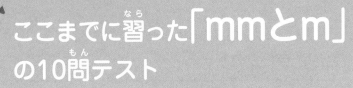

ここまでに習った「mmとm」
の10問テスト

（1問10点、計100点）（合格点80点）

ここまでに習った「mmとm」のテストをするよ。□に入る数を答えよう！

▶答えは135ページ

（1）

11m = [　　　] mm

（2）

0.93m = [　　　] mm

（3）

7000mm = [　　　] m

（4）

2.41m = [　　　] mm

（5）

690mm = [　　　] m

（6）

80mm = [　　　] m

（7）

3.142m = [　　　] mm

（8）

1 mm = [　　　] m

（9）

48.8mm = [　　　] m

（10）

500m = [　　　] mm

kmをcmに、cmをkmに直してみよう！

54ページの復習をしよう。1cmの**100倍**が1mだね。さらに、1mの**1000倍**が1kmだ。つまり、1cmの**100倍**の、さらに**1000倍**が、1kmってことだね。

「100×1000」を計算すると、100×1000＝100000だから、1cmの100000倍が1kmなんだ。だから、「1km＝100000cm」だよ。

この「1km＝100000cm」や、「＝」の左右をひっくり返した「100000cm＝1km」のような関係を、「基本の関係」というんだったね。

では、さっそく「kmをcmに直す問題」を、一緒に解いていこう！

問題1

次の□にあてはまる数を入れよう！

79km＝ [　　　　　　] cm

解き方は、56ページ～で習った「mとmmの問題」とほとんど同じだよ。3ステップ法で解けるんだったね。思い出しながら解いていこう。

「79km ＝ ▢ cm」の色をつけた部分（kmと ＝ とcm）だけをそのまま下に写そう。そこに、「基本の関係（ 1 km ＝ 100000cm)」の「 1 と 100000」を書こう。

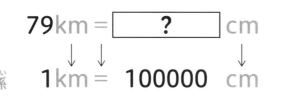

$$79\text{km} = \boxed{?} \ \text{cm}$$

基本の関係　　1km ＝ 100000　cm

色をつけた部分を
下におろし、
基本の関係
（1km ＝ 100000cm)
の数字を書く

「基本の関係」の数字（ 1 と100000）をみてみよう。「 1 km ＝ 100000cm」だから、kmをcmに直すには、100000をかければいいとわかる。

$$79\text{km} = \boxed{?} \ \text{cm}$$

1km ＝ 100000　cm

100000をかければよい

同じように、79に100000をかけると、□に入る数（答え）がわかる。
（79×100000＝）7900000だね。「79km＝7900000cm」ということだ
（答えは7900000だよ）。

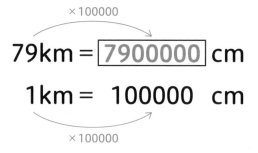

$$79km = \boxed{7900000}\ cm$$
$$1km = 100000\ cm$$

基本の関係さえ、おさえておけば、「mとmm」のときと同じ解き方だね。
では、逆に、「cmをkmに直す問題」を解いてみよう。

問題 2

次の□にあてはまる数を入れよう！
3050cm ＝ □ km

同じように、3ステップ法で解いていこう！

「3050cm ＝ ☐ km」の色をつけた部分（cmと ＝ とkm）だけをそのまま下に写そう。そこに、「基本の関係（100000cm ＝ 1 km）」の「100000と1」を書こう。

3050cm ＝ | ? | km

↓　　↓　　　　　　　↓

100000cm ＝ 　1　 km

色をつけた部分を
下におろし、
基本の関係
（100000cm ＝ 1km）
の数字を書く

「基本の関係」の数字（100000と1）をみてみよう。

「100000cm ＝ 1 km」だから、cmをkmに直すには、100000で割ればいいとわかる。

3050cm ＝ | ? | km

100000cm ＝ 　1　 km

100000で割ればよい

ステップ3

同じように、3050を100000で割ると、□に入る数（答え）がわかる。
（3050÷100000＝）**0.0305**だね。「3050cm＝**0.0305**km」ということ
だ（答えは0.0305だよ）。

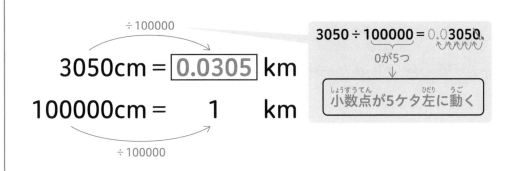

$3050 \div 100000 = 0.03050$

0が5つ

小数点が5ケタ左に動く

3050cm＝ 0.0305 km

100000cm＝ 1 km

÷100000

では次のページから、3ステップ法で、cmをkmに、kmをcmに直す練習を
してみよう！

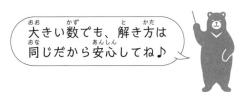

大きい数でも、解き方は
同じだから安心してね♪

1 □にあてはまるものを書こう！　□には、数や＝、cm、kmが入るよ。また、同じ記号には、同じ数が入るからね（わからなければ、67ページ～をみながら、するといいよ）。

▶答えは136ページ

(問題)「8.2km＝ □? cm」の？にあてはまる数を、3ステップ法で考えよう。

ステップ1

「8.2km＝ □? cm」の色をつけた部分（kmと＝とcm）だけをそのまま下に写そう。

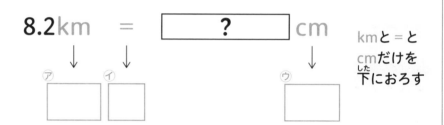

8.2km　＝　[　　？　　]cm

kmと＝と
cmだけを
下におろす

㋐　㋑　　　　　　　　㋒

そこに、「基本の関係（1km＝100000cm）」の「1と100000」を書こう。

8.2km　＝　[　　？　　]cm

基本の関係
を書こう！

㋓ [　]km　＝　㋔ [　　　　　　] cm

72

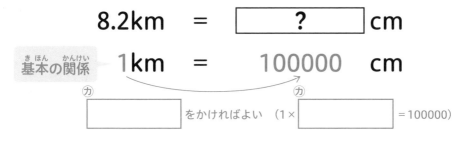

ステップ2

「基本の関係」の数字（1と100000）をみてみよう。「1km＝100000cm」だから、kmをcmに直すには、100000をかければいいとわかる。

8.2km　＝　| ? | cm

基本の関係　1km　＝　100000　cm

ⓐ | | をかければよい　（1× ⓐ | | ＝100000）

ステップ3

同じように、8.2に100000をかけると、| ? | に入る数（答え）がわかる。（8.2×100000＝）820000だね。「8.2km＝820000cm」ということだ（答えは820000だよ）。

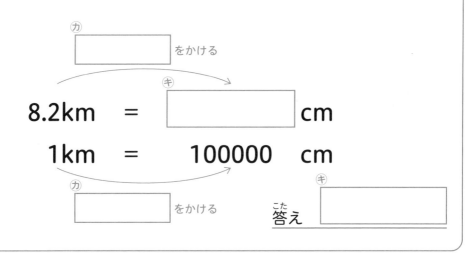

ⓐ | | をかける

8.2km　＝　ⓚ | | cm

1km　＝　100000　cm

ⓐ | | をかける

答え　ⓚ | |

2 □にあてはまるものを書こう！ □には、数や＝、cm、kmが入るよ。また、同じ記号には、同じ数が入るからね（わからなければ、69ページ〜をみながら、するといいよ）。 ▶答えは136ページ

（問題）「90cm＝ ? km」の？にあてはまる数を、3ステップ法で考えよう。

ステップ1

「90cm＝ ? km」の色をつけた部分（cmと＝とkm）だけをそのまま下に写そう。

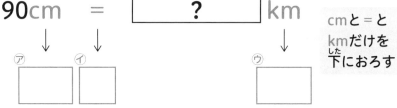

そこに、「基本の関係（100000cm＝1km）」の「100000と1」を書こう。

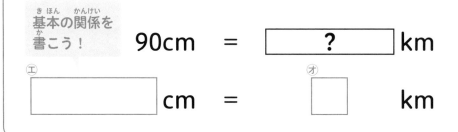

74

ステップ2

「基本の関係」の数字（100000と1）をみてみよう。「100000cm ＝ 1km」だから、cmをkmに直すには、100000で割ればいいとわかる。

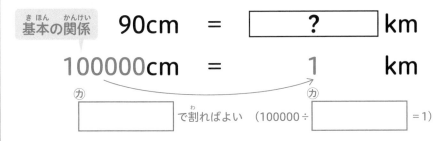

 基本の関係　90cm　＝　│　　?　　│km

100000cm　＝　1　km

⑰　│　　　　　│で割ればよい　（100000÷│　⑰　│＝1）

ステップ3

同じように、90を100000で割ると、│　?　│に入る数（答え）がわかる。（90÷100000＝）0.0009だね。「90cm ＝ 0.0009km」ということだ（答えは0.0009だよ）。

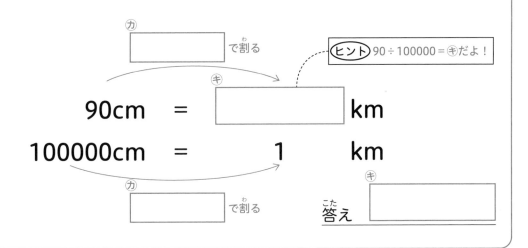

⑰　│　　　　　│で割る　　　　　　　ヒント 90÷100000＝④だよ！

④
90cm　＝　│　　　　　│km

100000cm　＝　1　km

⑰　│　　　　　│で割る　　④
答え　│　　　　　　　　　│

3 次の（例）は、72ページの **1**「8.2km＝□cm」の、ステップ1、ステップ2、ステップ3を合体させたものだよ。

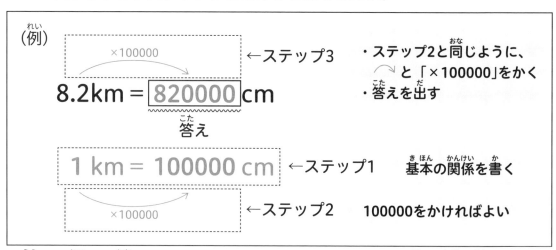

（例）

←ステップ3　　・ステップ2と同じように、 ⤵ と「×100000」をかく
・答えを出す

8.2km＝820000cm
答え

1 km ＝ 100000 cm　←ステップ1　　基本の関係を書く

←ステップ2　　100000をかければよい

・上の（例）と同じように、「0.0012km＝□cm」の□に入る数を求めてみよう！

上の（例）の青い字の部分（点線に囲まれた中）を、自分で、次の図にかこう！「ステップ1→ステップ2→ステップ3」の順を守って、いつもこの順に解くようにしてね。　　　　　　　　　　　　　▶答えは136ページ

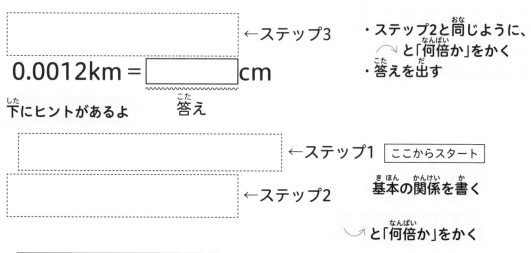

←ステップ3　　・ステップ2と同じように、 ⤵ と「何倍か」をかく
・答えを出す

0.0012km＝□cm
下にヒントがあるよ　　答え

←ステップ1　　ここからスタート

←ステップ2　　基本の関係を書く

⤵ と「何倍か」をかく

（答えを出すヒント）「0.0012×100000」の計算では、小数点が5ケタ右に動くんだね。

0が5つ

0.0012 × 100000 ＝ 0.0012 ○.

4 次の（例）は、74ページの❷「90cm＝□km」の、ステップ1、ステップ2、ステップ3を合体させたものだよ。

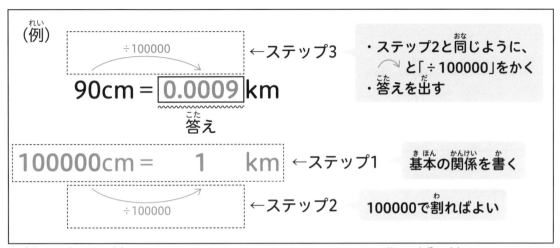

（例）

90cm ＝ 0.0009 km ←ステップ3
答え

・ステップ2と同じように、⤴と「÷100000」をかく
・答えを出す

100000cm ＝ 1 km ←ステップ1
基本の関係を書く

÷100000 ←ステップ2
100000で割ればよい

・上の（例）と同じように、「7870cm＝□km」の□に入る数を求めてみよう！ 上の（例）の青い字の部分（点線に囲まれた中）を、自分で、次の図にかこう！ 「ステップ1→ステップ2→ステップ3」の順を守って、いつもこの順に解くようにしてね。 ▶答えは136ページ

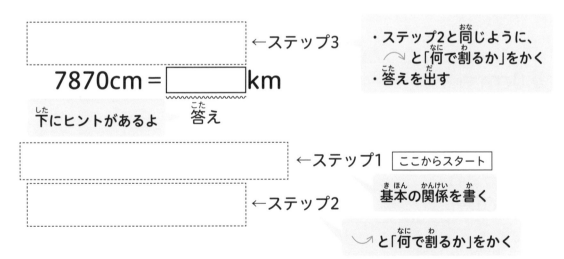

←ステップ3

・ステップ2と同じように、⤴と「何で割るか」をかく
・答えを出す

7870cm ＝ ⬚ km
下にヒントがあるよ 答え

←ステップ1 ここからスタート

基本の関係を書く

←ステップ2

⤴と「何で割るか」をかく

（答えを出すヒント）「7870÷100000」の計算は、小数点が5ケタ左に動くんだね。
0が5つ

7870 ÷ 100000 ＝ 0.07870.

ここまでに習った「cmとkm」の10問テスト

（1問10点、計100点）（合格点80点）

ここまでに習った「cmとkm」のテストをするよ。 □ に入る数を答えよう！

▶答えは136ページ

（1）

10km = □ cm

（2）

0.035km = □ cm

（3）

74000cm = □ km

（4）

2 cm = □ km

（5）

1980cm = □ km

（6）

0.01001km = □ cm

（7）

460100cm = □ km

（8）

32km = □ cm

（9）

0.00845km = □ cm

（10）

600000cm = □ km

おつかれさま！ 第1章の最後に「長さ」のまとめテストをしよう。

（1問10点、計100点）（合格点70点）

ここまでに習った「長さの単位」のテストをするよ。次のページの□に入る数を答えよう！

▶答えは137ページ

💡 ヒントその1

長さの基本の関係　※特に「1km＝1000000mm」であることに気をつけよう！

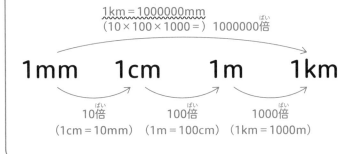

1km＝1000000mm
（10×100×1000＝）1000000倍

1mm　1cm　1m　1km

10倍　100倍　1000倍
（1cm＝10mm）（1m＝100cm）（1km＝1000m）

💡 ヒントその2

小数点の動き方

（かけ算）0.04 × 1000000 ＝ 0.040000.
0が6つ
小数点が右に6ケタ動く
⇒ 答え　40000

（割り算）50 ÷ 1000 ＝ 0.050.　⇒ 答え　0.05
0が3つ
小数点が左に3ケタ動く

(1)

1 mm = [   ] cm

(2)

200m = [   ] km

(3)

5 km = [   ] mm

(4)

314cm = [   ] m

(5)

7000mm = [   ] km

(6)

0.0208km = [   ] cm

(7)

390m = [   ] cm

(8)

76600mm = [   ] m

(9)

0.10503m = [   ] mm

(10)

9800cm = [   ] km

第1章 「長さ」の まとめテスト その2

（1問10点、計100点）（合格点70点）

ここまでに習った「長さの単位」のテストをするよ。□に入る数を答えよう！

▶答えは137ページ

（1）

19cm = □ mm

（2）

270000mm = □ km

（3）

6m = □ mm

（4）

41km = □ cm

（5）

0.3mm = □ m

（6）

80000000cm = □ km

（7）

50km = □ m

（8）

72mm = □ cm

（9）

0.0068m = □ cm

（10）

10.1km = □ mm

親が子どもに教えるコラム

長さ、重さ、面積、体積、容積の単位の関係を、子どもにどう教えるか？

※第2章に進む前に、おうちの方がこのコラムを読んで、お子さんに教えることをおすすめします。

第1章で、長さの単位の計算についてみてきました。長さの「基本の関係」と、「3ステップ法（37ページ〜参照）」さえおさえれば、単位の計算に慣れてくることがおわかりになられたのではないでしょうか。

長さの単位だけではなく、小学校で習う単位（重さ、面積、体積、容積）の計算は、「基本の関係」と「3ステップ法」の2本柱さえ理解できれば、得意にしていけます。

・基本の関係（1m＝100cmなど）
・3ステップ法

この 2本柱 で、小学校で習う「単位の計算」はマスターできる！

※面積、体積、容積の意味について
面積……広さのこと
体積……立体（立方体、直方体、球など）の大きさ
容積……入れ物の中いっぱいに入る水の体積（教科書では「水のかさ」と表現することもある）

「3ステップ法」については、第1章で反復練習をしたので、流れをつかみつつあるお子さんも多いのではないでしょうか。第2章以降の、重さ、面積、体積と容積の単位でも「3ステップ法」を使って答えを求められます。

あとは、重さ、面積、体積、容積の「基本の関係」さえおさえれば、単位の計算をする基礎はついたといえるため、第2章以降に進む前に、お子さんに「小学校で習う単位の、基本の関係」をおさえていただきたいのです。

「小学校で習う単位の、基本の関係」というと複雑そうなイメージをもたれる方もいるかもしれませんが、実際におさえるべき「基本の関係」は、次のページに示すものだけです（巻末の「単位の基本の関係『まるごと』シート」もご利用ください）。

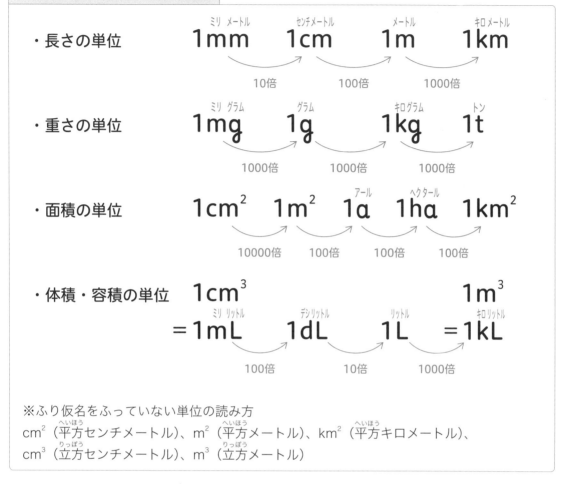

・長さの単位

ミリ メートル　センチメートル　メートル　キロ メートル

1mm　　1cm　　1m　　1km

10倍　　100倍　　1000倍

・重さの単位

ミリ グラム　グラム　キロ グラム　トン

1mg　　1g　　1kg　　1t

1000倍　　1000倍　　1000倍

・面積の単位

1cm² 1m² 1a 1ha 1km²

アール　ヘクタール

10000倍　100倍　100倍　100倍

・体積・容積の単位　1cm³ 1m³

ミリ リットル　デシリットル　リットル　キロリットル

=1mL　1dL　1L　=1kL

100倍　10倍　1000倍

※ふり仮名をふっていない単位の読み方
cm²（平方センチメートル）、m²（平方メートル）、km²（平方キロメートル）、
cm³（立方センチメートル）、m³（立方メートル）

上記に示した、それぞれの単位の「基本の関係」をおさえればいいのですが、そのまま丸暗記するのは難しそうですね。そこで、**基本の関係をおさえるための5つのポイント**を紹介しましょう。

基本の関係をおさえるための5つのポイント

① mをとると1000倍になり、kをつけると1000倍になる
②「重い先生、綿100%」という語呂で覚える
③ cm²、m²、km²の関係は、**正方形をかければわかる**
④ cm³とm³の関係は、**立方体をかければわかる**
⑤ 同じ量を表す**2組の単位**がある

それぞれのポイントについて、ひとつずつお話ししていきます。

① mをとると1000倍になり、kをつけると1000倍になる

例えば、1 mgからmをとると、1000倍の1 gになります。
また1 gにkをつけると、1000倍の1 kgになります。

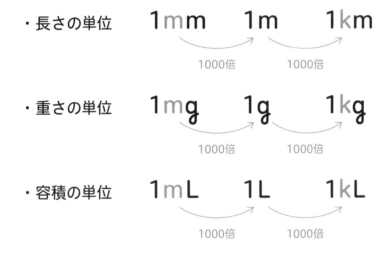

このように、「mをとると1000倍になり、kをつけると1000倍になる」ことを知るだけで、
次の単位の関係をすべておさえられます。

・長さの単位　　1mm　　1m　　1km
　　　　　　　　　　 1000倍　　1000倍

・重さの単位　　1mg　　1g　　1kg
　　　　　　　　　　 1000倍　　1000倍

・容積の単位　　1mL　　1L　　1kL
　　　　　　　　　　 1000倍　　1000倍

「（mやkの意味と）関連づけて記憶する」というのは、覚えるときのコツの1つです。
ぜひおさえておきましょう。

※本来の意味において、kは「1000倍」を表し、mは「1000分の1（倍）」を表します。
すでに分数を習っているお子さんには、本来の意味を教えればよいのですが、分数を習っ
ていないお子さんのために、分数を使わない教え方を紹介しました。

② 「重い先生、綿100%」 という語呂で覚える

例えば、歴史の年号を覚えるときによく使われるように、語呂合わせが、長期的に記憶するために役に立つことがあります。「重い先生、綿100%」という語呂によって、重さと面積の単位の関係を覚えることができます。

上のように、この語呂は「重さは1000倍ずつ」「面積は100倍ずつ」であることを表します。実際の単位の関係をみてみましょう。

・重さの単位

・面積の単位

このように、重さは1000倍ずつです。一方、面積は、1cm²から1m²は10000倍ですが、1m²以降は100倍ずつになっていることがわかります。この語呂合わせで、重さと面積の単位の関係をおさえていきましょう。

③ cm²、m²、km²の関係は、正方形をかけばわかる

面積の単位cm²、m²、km²それぞれについて、詳しくは101ページ〜をご覧ください。
これらの単位には「1m²＝10000cm²」「1km²＝1000000m²」という関係があり、どちらも丸暗記しようとする子もいますが、それではすぐに忘れてしまいそうですね。
一方、「紙に正方形をかく方法」を使えば、丸暗記する必要はありません。どんな方法かを紹介していきます。

まず、cm²とm²の関係について調べていきましょう。「1辺が1mの正方形の面積が1m²」です。紙を用意して、次のように、面積が1m²の正方形をかきましょう。

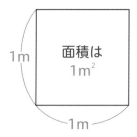

「1m＝100cm」なので、1辺が100cmの正方形の面積（1m²）は、
100×100＝10000（cm²）
です（「正方形の面積＝1辺×1辺」を習っていないお子さんには教えてあげてください）。
これにより、次の図のように、「1m²＝10000cm²」であることがわかります。

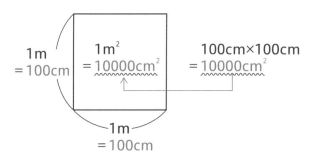

次に、m²とkm²の関係について調べていきましょう。「1辺が1kmの正方形の面積が1km²」です。先ほどと同様に、紙に、面積が1km²の正方形をかいて考えてみてください。

「1km＝1000m」なので、1辺が1000mの正方形の面積（1km²）は、
1000×1000＝1000000（m²）
です。これにより、「1km²＝1000000m²」であることがわかります。

④ cm³とm³の関係は、立方体をかけばわかる

体積の単位cm³とm³の関係（詳しくは114ページ～を参照）は「**紙に立方体をかく方法**」を使えば、丸暗記する必要はありません。紙を用意して、次のように、体積が1m³の立方体をかきましょう。「**1辺が1mの立方体の体積が1m³**」です。

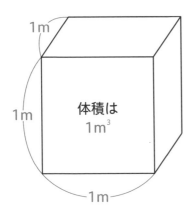

「1m＝100cm」なので、1辺が100cmの立方体の体積（1m³）は、

100×100×100＝1000000（cm³）

です（「立方体の体積＝1辺×1辺×1辺」を習っていないお子さんには教えてあげてください）。これにより、次の図のように、「**1m³＝1000000cm³**」であることがわかります。

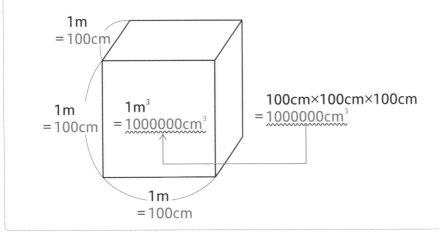

⑤ 同じ量を表す2組の単位がある

体積の単位cm³と、容積（水のかさ）の単位mLは同じ量を表し、「1cm³＝1mL」です。
また、体積の単位m³と、容積（水のかさ）の単位kLは同じ量を表し、「1m³＝1kL」です。
この2組は同じ量を表すので、おさえておきましょう。

ここまで紹介した5つのポイントをふまえれば、それぞれの単位の関係をほとんどおさえられます。

5つのポイントをもとに、83ページの「小学校で習う単位の、基本の関係」を、お子さんが何も見ず、紙などに一人で確実に書けるようになってから、第2章（次のページ）以降に進むとよいでしょう。あせらず、ゆっくりでいいので、それぞれの「基本の関係」をおさえましょう。

または、お子さんが、巻末の「単位の基本の関係『まるごと』シート」を見ながら、次の第2章以降の問題を解き進めていくのもおすすめです。

第2章 「重さの単位の計算」をマスターしよう！

解き方は「長さ」のときと同じ！

さあ、「長さの単位」の次は、「重さの単位」の計算をしていこう！

……と聞いて、「え～、またイチからするの！？」と思った君、安心してほしい。「重さの単位」の基本の関係さえおさえれば、「長さの単位」のときと同じ3ステップ法で解けるんだ。ところで、重さでよく使う単位はg（読み方はグラム）だよ。1円玉の重さがちょうど1gなんだ。

1円玉1枚の
重さが1g

では、重さの「基本の関係」をみてみよう。

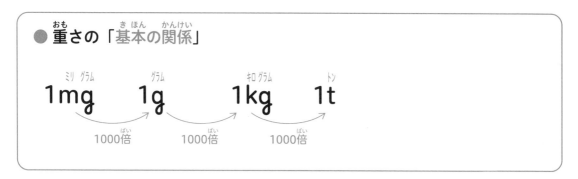

● 重さの「基本の関係」

ミリグラム	グラム	キログラム	トン
1mg	**1g**	**1kg**	**1t**

1000倍　　　1000倍　　　1000倍

重さの「基本の関係」は1000倍ずつになっているね。tという単位をみたことがない人もいると思うけど、1kgの1000倍が1tだ。
それぞれの書き方は、次のページの通りだよ。

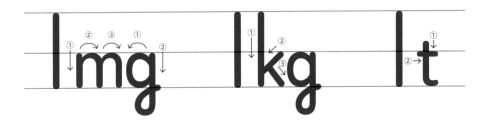

※おうちの方へ：「1g」という書き方もありますので、お子さんの教科書をご確認ください。

ここまでで準備完了！　ではさっそく「重さの単位の計算」を、一緒に解いていこう。

問題

次の□にあてはまる数を入れよう！

$$0.9t = \boxed{}kg$$

「長さの単位」と同じ、3ステップ法で解けるよ。思い出しながら求めていこう。

ステップ1

「$0.9t = \boxed{}kg$」の色をつけた部分（tと＝とkg）だけをそのまま下に写そう。そこに、「基本の関係（1t＝1000kg）」の「1と1000」を書こう。

$$0.9t = \boxed{\ ?\ }kg$$
$$\downarrow\ \downarrow\ \quad\quad \downarrow$$

基本の関係　$1t = 1000\ kg$

色をつけた部分を下におろし、基本の関係（1t＝1000kg）の数字を書く

90

ステップ2

「基本の関係」の数字(1と1000)をみてみよう。「1t＝1000kg」だから、tをkgに直すには、1000をかければいいとわかる。

$$0.9t = \boxed{\quad ? \quad} \text{kg}$$

$$1t = 1000 \text{ kg}$$

1000をかければよい

ステップ3

同じように、0.9に1000をかけると、□に入る数(答え)がわかる。
(0.9×1000＝)900だね。「0.9t＝900kg」ということだ(答えは900だよ)。

×1000

$$0.9t = \boxed{900} \text{ kg}$$

$$1t = 1000 \text{ kg}$$

×1000

どうだろう?　本当に「長さの単位」と同じ、3ステップ法で解けるんだね。
では、次のページから練習していこう!

単位の計算をしよう！ 重さ

1 □にあてはまるものを書こう！ □には、数や＝、mg、kgが入るよ。また、同じ記号には、同じ数が入るからね（わからなければ、90ページ〜をみながら、するといいよ）。

▶答えは137ページ

(問題)「0.006kg＝ ? mg」の？にあてはまる数を答えよう。

💡ヒント

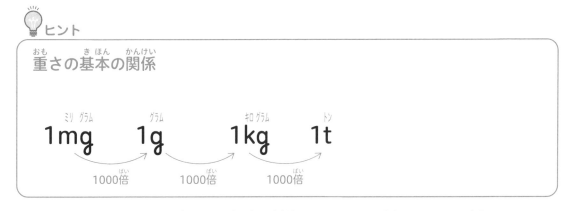

重さの基本の関係

ミリ グラム　　　グラム　　　キロ グラム　　　トン
1mg　　　1g　　　1kg　　　1t
　　1000倍　　1000倍　　1000倍

「３ステップ法」に入る前に、基本の関係の「1kgが何mgか」を調べよう。

ヒントをみると、1mgの （ア）□□□ 倍が1gで、1gの （イ）□□□ 倍が

1kgであることがわかるね。

だから、「1kgが何mgか」を求めるためには、「（ア）□□□ ×（イ）□□□ 」

を計算すればいいんだ。計算してみると、

（ア）□□□ ×（イ）□□□ ＝（ウ）□□□

だから、「1kg＝（ウ）□□□ mg」が「基本の関係」になるということだね。

‥‥‥‥‥‥ 次のページから３ステップ法に入るよ ‥‥‥‥‥‥

ステップ1

「0.006kg ＝ □? mg」の色をつけた部分（kgと＝とmg）だけをそのま
ま下に写そう。

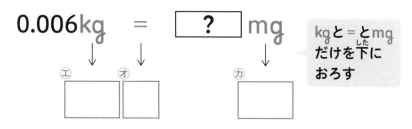

0.006kg　＝　□ ? 　mg

kgと＝とmg
だけを下に
おろす

エ □　オ □　　　カ □

そこに、「基本の関係（1 kg ＝ 1000000mg）」の「1 と1000000」を書
こう。

0.006kg　＝　□ ? 　　mg

基本の関係

キ □ kg　＝　ク □ mg

ステップ2

「基本の関係」の数字（1 と1000000）をみてみよう。「1 kg ＝ 1000000mg」
だから、kgをmgに直すには、1000000をかければいいとわかる。

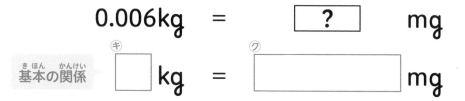

0.006kg　＝　□ ? 　mg

1kg　＝　1000000　mg

ケ □　　をかければよい

同じように、0.006に1000000をかけると、［　?　］に入る数（答え）がわかる。（0.006×1000000＝）6000だよ。「0.006kg＝6000mg」ということだ（答えは6000だよ）。

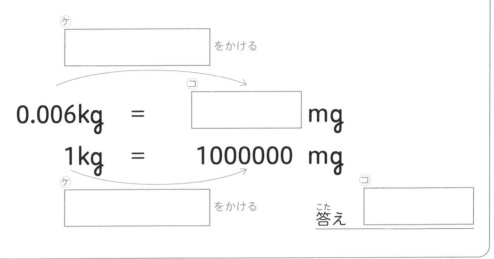

ケ
をかける

0.006kg　＝　　　　　　mg
1kg　＝　1000000　mg

ケ
をかける

コ

答え

重さの単位の計算も、3ステップ法でできるんだね♪

2 □にあてはまるものを書こう！ □には、数や＝、g、tが入るよ。また、同じ記号には、同じ数が入るからね（わからなければ、90ページ〜をみながら、するといいよ）。 ▶答えは137ページ

▶答えは137ページ

（問題）「73200g＝□?□t」の？にあてはまる数を答えよう。

💡ヒント

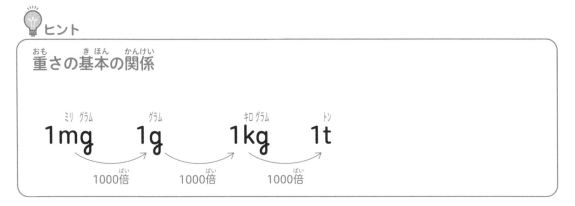

「３ステップ法」に入る前に、基本の関係の「1tが何gか」を調べよう。

ヒントをみると、1gの ⟨ア⟩□□□□ 倍が1kgで、1kgの ⟨イ⟩□□□□ 倍が

1tであることがわかるね。

だから、「１tが何gか」を求めるためには、「⟨ア⟩□□□□×⟨イ⟩□□□□」を

計算すればいいんだ。計算してみると、

⟨ア⟩□□□□ × ⟨イ⟩□□□□ ＝ ⟨ウ⟩□□□□

だから、「１t＝⟨ウ⟩□□□□g」が「基本の関係」になるということだね。

次のページから３ステップ法に入るよ

次のページから３ステップ法に入るよ

ステップ1

「73200g = [?]t」の色をつけた部分（gと = とt）だけをそのまま下に写そう。

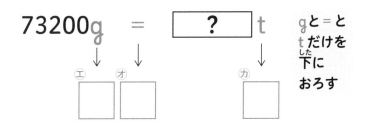

73200g　=　[　?　]t　　　gと = と
　　　　　　　　　　　　　　tだけを
　↓　　↓　　　　　↓　　下に
　エ　　オ　　　　　カ　　おろす

そこに、「基本の関係（1000000g = 1 t）」の「1000000と1」を書こう。

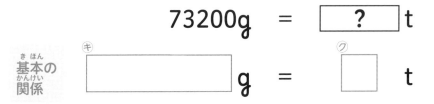

73200g　=　[　?　]t

基本の
関係　　キ[　　　　　]g　=　ク[　]t

ステップ2

「基本の関係」の数字（1000000と1）をみてみよう。「1000000g = 1t」だから、gをtに直すには、1000000で割ればいいとわかる。

73200g　=　[　?　]t

1000000g　=　1　t

ケ[　　　　　　　]で割ればよい

同じように、73200を1000000で割ると、 [?] に入る数（答え）がわかる。（73200÷1000000＝）0.0732だよ。「73200g＝**0.0732t**」ということだ（答えは0.0732だよ）。

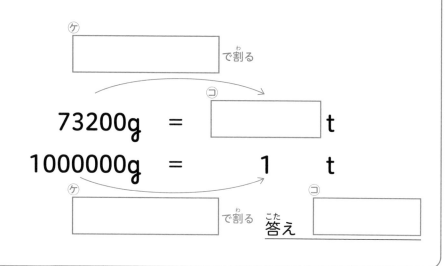

第2章の授業はここでおしまいだよ！ 前にも言った通り、「**基本の関係**」と「**３ステップ法**」さえおさえれば、単位の計算ができるんだね。では、次のページから、第2章のまとめテストに入っていこう。

次のページからの「まとめテスト」、
ファイトだよ♪

第2章 「重さ」の
まとめテスト その1

（1問10点、計100点）（合格点70点）

ここまでに習った「重さの単位」のテストをするよ。次のページの▢に入る数を答えよう！

▶答えは137ページ

💡 ヒントその1

重さの基本の関係

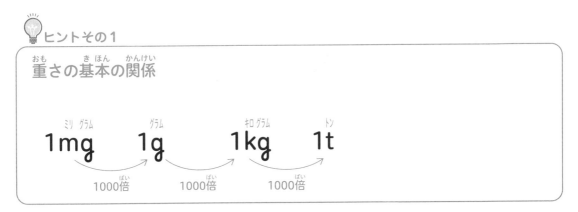

ミリ グラム
1mg **1g** **1kg** **1t**
1000倍　1000倍　1000倍

💡 ヒントその2

小数点の動き方

（かけ算） 0.04 × 1000000 = 0.040000.

0が6つ　　小数点が右に6ケタ動く

⇒ 答え **40000**

（割り算） 50 ÷ 1000 = 0.050. ⇒ 答え **0.05**

0が3つ　小数点が左に3ケタ動く

（1）

100g ＝ ☐ kg

（2）

2 kg ＝ ☐ g

（3）

0.041t ＝ ☐ g

（4）

0.009kg ＝ ☐ mg

（5）

24900000g ＝ ☐ t

（6）

99t ＝ ☐ kg

（7）

0.73kg ＝ ☐ t

（8）

2025mg ＝ ☐ g

（9）

8 g ＝ ☐ mg

（10）

1000mg ＝ ☐ kg

第2章 「重さ」の まとめテスト その2

（1問10点、計100点）（合格点70点）

ここまでに習った「重さの単位」のテストをするよ。□に入る数を答えよう！

▶答えは137ページ

（1）

$10100kg =$ ◻ t

（2）

$0.07g =$ ◻ mg

（3）

$30g =$ ◻ t

（4）

$43000000mg =$ ◻ kg

（5）

$6100000g =$ ◻ kg

（6）

$15t =$ ◻ g

（7）

$0.02mg =$ ◻ g

（8）

$10kg =$ ◻ mg

（9）

$0.0000074t =$ ◻ kg

（10）

$0.0005kg =$ ◻ g

「面積の単位の計算」をマスターしよう！

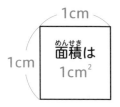

「面積」も、もちろん同じ解き方！

広さのことを、面積というよ。算数でよく出てくる面積の単位はcm^2（平方センチメートル）だ。「1つの辺（1辺）が1cmの正方形の面積が1cm^2」だよ。

```
        1cm
   ┌──────────┐
   │  面積は   │
1cm│   1cm²    │
   │           │
   └──────────┘
```

面積の単位にはcm^2の他に、m^2、a、ha、km^2がある。読み方はそれぞれ、m^2（平方メートル）、a（アール）、ha（ヘクタール）、km^2（平方キロメートル）だよ。いま一気に覚えなくても、自分のペースで学んでいけばいいからね。

そして、面積の「基本の関係」は、次の通りだ。

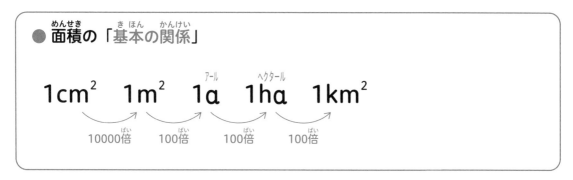

aとhaのそれぞれの書き方は次のページの通りだよ。

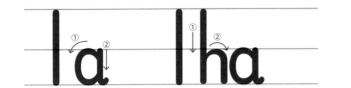

（※cm²やm²は、それぞれ、「m」の右上に小さく「2」を書こう。）

ちなみに、「1辺が1cmの正方形の面積が1cm²」、「1辺が1mの正方形の面積が1m²」、「1辺が1kmの正方形の面積が1km²」なんだ。

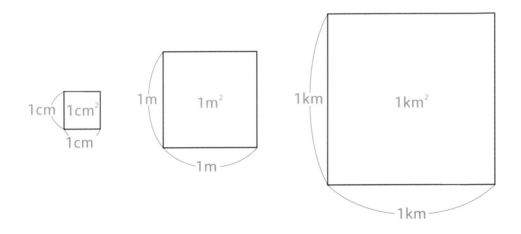

さて、ここまでで準備完了！　さっそく「面積の単位の計算」を、一緒に解いていこう。

問題

次の□にあてはまる数を入れよう！

$$6.05\text{m}^2 = \boxed{}\text{cm}^2$$

今までと同じ、3ステップ法で解けるよ。ひとつひとつ求めていこう。

ステップ1

「6.05m^2 = ⬚ cm^2」の色をつけた部分（m^{2}と = とcm^2）だけをそのまま下に写そう。そこに、「基本の関係（1m^2 = 10000cm^2）」の「1 と 10000」を書こう。

$$6.05\text{m}^2 = \boxed{\quad ? \quad}\ \text{cm}^2$$

$$\downarrow \quad\downarrow \qquad\qquad\qquad \downarrow$$

基本の関係　　$1\text{m}^2 = 10000 \ \text{cm}^2$

色をつけた部分を下におろし、基本の関係（1m^2 = 10000cm^2）の数字を書く

ステップ2

「基本の関係」の数字（1 と 10000）をみてみよう。「1m^2 = 10000cm^2」だから、m^{2}をcm^{2}に直すには、10000をかければいいとわかる。

$$6.05\text{m}^2 = \boxed{\quad ? \quad}\ \text{cm}^2$$

$$1\text{m}^2 = 10000 \ \text{cm}^2$$

10000をかければよい

同じように、6.05に10000をかけると、□に入る数（答え）がわかる。
（6.05×10000＝）60500だ。「6.05m² ＝ 60500cm²」ということだよ
（答えは60500だ）。

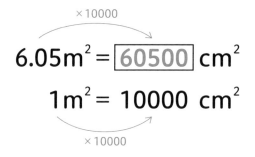

やはり、今までと同じように、3ステップ法で解けるんだね。では、次のペー
ジから、練習していこう！

単位の計算をしよう！ 面積

1 □にあてはまるものを書こう！　□には、数や＝、m²、haが入るよ。また、同じ記号には、同じ数が入るからね（わからなければ、102ページ～をみながら、するといいよ）。

▶答えは138ページ

（問題）「0.3ha＝ ? m²」の？にあてはまる数を答えよう。

💡**ヒント**

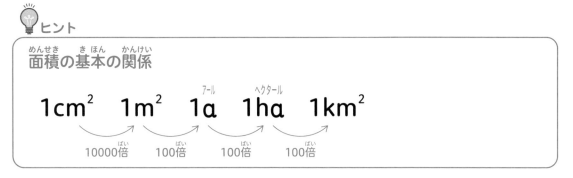

「面積の基本の関係」

1cm²　1m²　1a　1ha　1km²

10000倍　100倍　100倍　100倍

「３ステップ法」に入る前に、基本の関係の「１haが何m²か」を調べよう。

ヒントをみると、1m²の ［ア］ 倍が1aで、1aの ［イ］ 倍が1haであることがわかるね。

だから、「１haが何m²か」を求めるためには、「［ア］×［イ］」を計算すればいいんだ。計算してみると、

［ア］ × ［イ］ ＝ ［ウ］

だから、「１ha＝ ［ウ］ m²」が「基本の関係」になるということだね。

次のページから３ステップ法に入るよ

「0.3ha ＝ □ m²」の色をつけた部分（haと ＝ とm²）だけをそのまま下に写そう。

$$0.3\text{ha} \quad = \quad \boxed{?} \quad \text{m}^2$$

↓　　↓　　　　　　　↓

㋔　　㋕　　　　　㋖

haと ＝ とm²だけを
下におろす

そこに、「基本の関係（1ha ＝ 10000m²）」の「1と10000」を書こう。

$$0.3\text{ha} \quad = \quad \boxed{?} \quad \text{m}^2$$

基本の関係　　㋖ □ ha　＝　㋗ □ m²

「基本の関係」の数字（1と10000）をみてみよう。「1ha ＝ 10000m²」だから、haをm²に直すには、10000をかければいいとわかる。

$$0.3\text{ha} \quad = \quad \boxed{?} \quad \text{m}^2$$
$$1\text{ha} \quad = \quad 10000 \quad \text{m}^2$$

㋙ □ をかければよい

同じように、0.3に10000をかけると、◯?◯に入る数（答え）がわかる。
（0.3×10000＝）3000だよ。「0.3ha＝3000m²」ということだ（答えは3000だよ）。

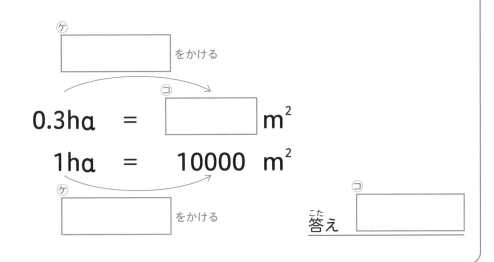

「3ステップ法」になれてきたんじゃないかな♪

2

□にあてはまるものを書こう！ □には、数や＝、a、km²が入るよ。また、同じ記号には、同じ数が入るからね（わからなければ、102ページ〜をみながら、するといいよ）。

▶答えは138ページ

（問題）「180a＝ □? km²」の？にあてはまる数を答えよう。

ヒント

面積の基本の関係

1cm²　1m²　1a　1ha　1km²

10000倍　100倍　100倍　100倍

「3ステップ法」に入る前に、基本の関係の「1km²が何aか」を調べよう。

ヒントをみると、1aの ［ア□］ 倍が1haで、1haの ［イ□］ 倍が1km²であることがわかるね。

だから、「1km²が何aか」を求めるためには、「［ア□］×［イ□］」を計算すればいいんだ。計算してみると、

［ア□］×［イ□］＝［ウ□］

だから、「1km²＝［ウ□］a」が「基本の関係」になるということだね。

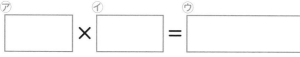

次のページから3ステップ法に入るよ

ステップ1

「180a ＝ ? km²」の色をつけた部分（aと＝とkm²）だけをそのまま下に写そう。

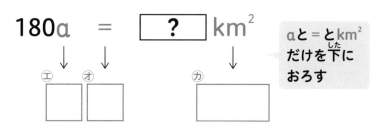

そこに、「基本の関係（10000a ＝ 1 km²）」の「10000と1」を書こう。

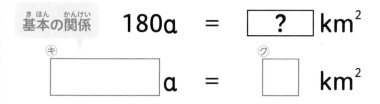

ステップ2

「基本の関係」の数字（10000と1）をみてみよう。「10000a ＝ 1 km²」だから、aをkm²に直すには、10000で割ればいいとわかる。

$$180a \quad = \quad \boxed{\text{?}} \; km^2$$

$$10000a \quad = \quad 1 \quad km^2$$

（ケ）
で割ればよい

同じように、180を10000で割ると、 ? に入る数（答え）がわかる。（180÷10000＝）0.018だよ。「180a＝0.018km²」ということだ（答えは0.018だよ）。

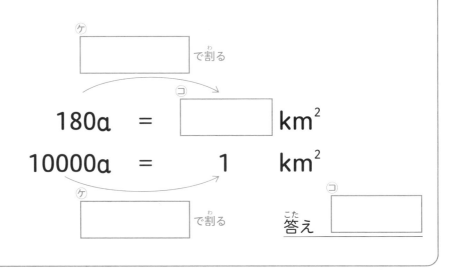

第3章の授業はここでおしまい！　次のページから、第3章のまとめテストに入るよ。

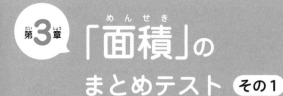

第3章

「面積」の まとめテスト　その1

点数とかかった時間

1回目	点	分	秒
2回目	点	分	秒
3回目	点	分	秒

（1問10点、計100点）（合格点70点）

ここまでに習った「面積の単位」のテストをするよ。次のページの　　　に入る数を答えよう！

▶答えは138ページ

 ヒントその1

面積の基本の関係

$1cm^2$　$1m^2$　$1a$（アール）　$1ha$（ヘクタール）　$1km^2$

10000倍　100倍　100倍　100倍

💡 ヒントその2

小数点の動き方

（かけ算）　$0.04 × 1000000 = 0.040000.$

0が6つ

小数点が右に6ケタ動く

⇒　答え　40000

（割り算）　$50 ÷ 1000 = 0.050.$　⇒　答え　0.05

0が3つ

小数点が左に3ケタ動く

111

(1)

$9.21 m^2 =$ [　　　　] cm^2

(2)

$30 km^2 =$ [　　　　] ha

(3)

$0.0107 ha =$ [　　　　] m^2

(4)

$3000000 cm^2 =$ [　　　　] a

(5)

$9800 ha =$ [　　　　] km^2

(6)

$5 a =$ [　　　　] ha

(7)

$170 cm^2 =$ [　　　　] m^2

(8)

$9 km^2 =$ [　　　　] m^2

(9)

$0.004 a =$ [　　　　] m^2

(10)

$6.7 ha =$ [　　　　] a

第3章 「面積」の まとめテスト その2

（1問10点、計100点）（合格点70点）

ここまでに習った「面積の単位」のテストをするよ。□□に入る数を答えよう！

▶ 答えは138ページ

（1）

$0.2a =$ ☐ cm^2

（2）

$1\ cm^2 =$ ☐ m^2

（3）

$700m^2 =$ ☐ a

（4）

$58.05km^2 =$ ☐ ha

（5）

$66a =$ ☐ m^2

（6）

$0.1ha =$ ☐ a

（7）

$0.4008m^2 =$ ☐ cm^2

（8）

$120a =$ ☐ ha

（9）

$39000a =$ ☐ km^2

（10）

$5600m^2 =$ ☐ ha

「体積と容積の単位の計算」をマスターしよう!

「体積と容積」も3ステップ法で解こう!

立体の大きさのことを、体積というよ。算数でよく出てくる体積の単位はcm³(立方センチメートル)だ。

また、6つの正方形の面に囲まれた立体を、立方体というよ。
「1つの辺(1辺)が1cmの立方体の体積が1cm³」なんだ。

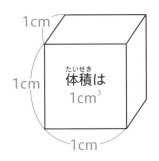

体積の単位はcm³の他に、m³(立方メートル)があるよ。「1辺が1cmの立方体の体積が1cm³」、「1辺が1mの立方体の体積が1m³」なんだ。

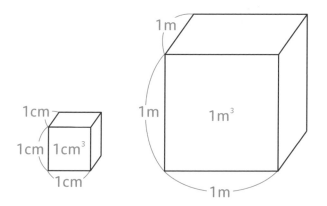

そして、体積とともにおさえてほしいのが、容積だよ。容積とは、**入れ物の中いっぱいに入る水の体積**のことだ。

容積の単位は、小さいほうから、mL（ミリリットル）、dL（デシリットル）、L（リットル）、kL（キロリットル）がある。

そして、体積と容積の「基本の関係」は、次の通りだよ。

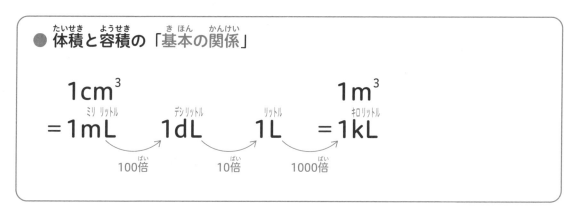

それぞれの書き方は次の通りだ。

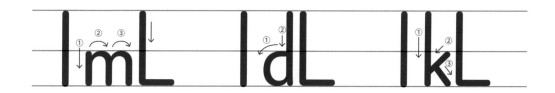

さて、ここまでで準備完了！　さっそく「体積と容積の単位の計算」を、一緒に解いていこう。

問題 1

次の□にあてはまる数を入れよう！

$0.32\text{kL} = \boxed{}\ \text{L}$

今までと同じ、3ステップ法で解けるよ。ひとつひとつ求めていこう。

ステップ1

「$0.32\text{kL} = \boxed{}\ \text{L}$」の色をつけた部分（kLと＝とL）だけをそのまま下に写そう。そこに、「基本の関係（1kL＝1000L）」の「1と1000」を書こう。

$$0.32\text{kL} = \boxed{\ ?\ }\ \text{L}$$
$$\downarrow\quad\downarrow\qquad\qquad\downarrow$$
基本の関係　$1\text{kL} = 1000\ \text{L}$

色をつけた部分を下におろし、基本の関係（1kL＝1000L）の数字を書く

ステップ2

「基本の関係」の数字（1と1000）をみてみよう。「1kL＝1000L」だから、kLをLに直すには、1000をかければいいとわかる。

$$0.32\text{kL} = \boxed{\ ?\ }\ \text{L}$$
$$1\text{kL} = 1000\ \text{L}$$
$\times 1000$

ステップ3

同じように、0.32に1000をかけると、□に入る数（答え）がわかる。（0.32×1000＝）320だ。「0.32kL＝**320**L」ということだよ（答えは320だ）。

$$\times 1000$$
$$0.32\text{kL} = \boxed{320}\ \text{L}$$
$$1\text{kL} = 1000\ \text{L}$$
$$\times 1000$$

問題 2

次の□にあてはまる数を入れよう！

$$58\text{mL} = \boxed{}\ \text{cm}^3$$

この問題は、3ステップ法を使わなくても解ける問題なんだ。115ページの「基本の関係」をみてほしい。「mLとcm³」は、同じ量を表す単位であることがわかる。だから、「58mL＝58cm³」ということだ。答えは58ということだね。

また、「m³とkL」も同じ量を表す単位だよ。例えば、「0.5m³＝□kL」のような問題が出たら、同じように求めればいいんだ（□に入る数は、0.5）。

では、次のページから練習していこう！

1 □にあてはまるものを書こう！ □には、数や＝、cm³、dLが入るよ。また、同じ記号には、同じ数が入るからね（わからなければ、116ページ〜をみながら、するといいよ）。 ▶答えは138ページ

（問題）「0.01dL = $\boxed{?}$ cm³」の？にあてはまる数を答えよう。

3ステップ法で解いていこう！

ステップ1

「0.01dL = $\boxed{?}$ cm³」の色をつけた部分（dLと＝とcm³）だけをそのまま下に写そう。

$$0.01\text{dL} \quad = \quad \boxed{?} \text{ cm}^3$$

↓　　↓　　　　↓

⑦ □ ⑦ □　　⑨ □

dLと＝とcm³だけを下におろす

そこに、「基本の関係（1dL = 100cm³）」の「1と100」を書こう。

$$0.01\text{dL} \quad = \quad \boxed{?} \quad \text{cm}^3$$

基本の関係 ⑩ □dL = ⑰ □cm³

118

ステップ2

「基本の関係」の数字（1と100）をみてみよう。「1dL＝100cm³」だから、dLをcm³に直すには、100をかければいいとわかる。

$$0.01dL = \boxed{?} cm^3$$

$$1dL = 100 cm^3$$

⑦

$$\boxed{}$$ をかければよい

ステップ3

同じように、0.01に100をかけると、$\boxed{?}$ に入る数（答え）がわかる。（0.01×100＝）1だよ。「0.01dL＝1cm³」ということだ（答えは1だよ）。

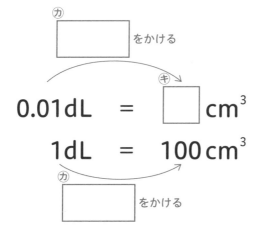

⑦
$$\boxed{}$$ をかける

$$0.01dL = \boxed{}^{\text{⑨}} cm^3$$

$$1dL = 100 cm^3$$

⑦
$$\boxed{}$$ をかける

答え　⑨ $\boxed{}$

2 □にあてはまるものを書こう！ □には、数や＝、dL、kLが入るよ。また、同じ記号には、同じ数が入るからね（わからなければ、116ページ～をみながら、するといいよ）。

▶答えは139ページ

（問題）「89000dL ＝ [?] kL」の？にあてはまる数を答えよう。

💡ヒント

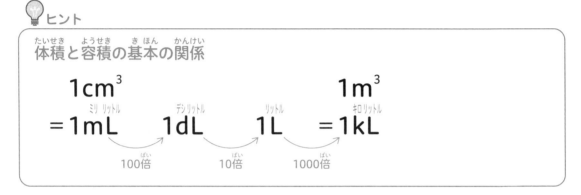

体積と容積の基本の関係

$1cm^3$ 　　　　　　　　　　　　　　　　　$1m^3$
＝1mL　　　1dL　　　1L　　　＝1kL
ミリ リットル　　デシリットル　　リットル　　キロリットル
　　　　100倍　　10倍　　1000倍

「3ステップ法」に入る前に、基本の関係の「1kLが何dLか」を調べよう。

ヒントをみると、1dLの ⑦[ ]倍が1Lで、1Lの ⑦[ ]倍が1kLであることがわかるね。

だから、「1kLが何dLか」を求めるためには、「⑦[ ] × ⑦[ ]」を計算すればいいんだ。計算してみると、

⑦[ ] × ⑦[ ] ＝ ⑨[ ]

だから、「1kL ＝ ⑨[ ] dL」が「基本の関係」になるということだね。

次のページから3ステップ法に入るよ

ステップ1

「89000dL ＝ ? kL」の色をつけた部分（dLと＝とkL）だけをそのまま下に写そう。

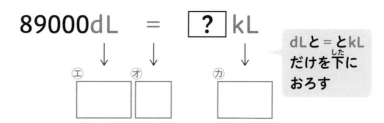

89000dL ＝ ? kL

dLと＝とkL
だけを下に
おろす

㋓　㋔　　　　㋕

そこに、「基本の関係（10000dL ＝ 1 kL）」の「10000と 1」を書こう。

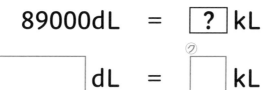

89000dL ＝ ? kL

基本の関係

㋖　　　　　　dL ＝　㋗　kL

ステップ2

「基本の関係」の数字（10000と 1）をみてみよう。「10000dL ＝ 1 kL」だから、dLをkLに直すには、10000で割ればいいとわかる。

89000dL ＝ ? kL

10000dL ＝　1 kL

㋘

で割ればよい

同じように、89000を10000で割ると、[?]に入る数（答え）がわかる。
（89000÷10000＝）8.9だよ。「89000dL＝8.9kL」ということだ（答え
は8.9だよ）。

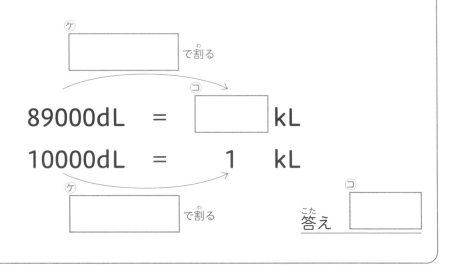

第4章の授業はここでおしまい！　次のページから、第4章のまとめテストに
入るよ。

この本も、いよいよ終わりに
近づいてきたよ♪

「体積と容積」の まとめテスト その1

（1問10点、計100点）（合格点70点）

ここまでに習った「体積と容積の単位」のテストをするよ。
次のページの □□□□ に入る数を答えよう！

▶ 答えは139ページ

 ヒントその1

体積と容積の基本の関係

$$1cm^3 \qquad\qquad\qquad 1m^3$$

$$= 1mL \qquad 1dL \qquad 1L \qquad = 1kL$$

ミリリットル　　デシリットル　　リットル　　キロリットル

100倍　　　　10倍　　　　1000倍

 ヒントその2

小数点の動き方

（かけ算）　$0.04 \times 1000000 = 0.040000.$

0が6つ

小数点が右に6ケタ動く

⇒　答え　40000

（割り算）　$50 \div 1000 = 0.050.$　⇒　答え　0.05

0が3つ

小数点が左に3ケタ動く

(1)

0.54L = [　　　] dL

(2)

37000mL = [　　　] L

(3)

60000cm^3 = [　　　] m^3

(4)

19cm^3 = [　　　] mL

(5)

70800dL = [　　　] kL

(6)

20.01dL = [　　　] cm^3

(7)

0.185kL = [　　　] L

(8)

0.0049L = [　　　] cm^3

(9)

10kL = [　　　] mL

(10)

54.3mL = [　　　] dL

「体積と容積」の まとめテスト その2

（1問10点、計100点）（合格点70点）

ここまでに習った「体積と容積の単位」のテストをするよ。□□□に入る数を答えよう！

▶答えは139ページ

（1）

43kL = ☐ dL

（2）

661000cm^3 = ☐ L

（3）

35.507L = ☐ mL

（4）

0.29cm^3 = ☐ mL

（5）

11dL = ☐ L

（6）

2000000L = ☐ kL

（7）

56mL = ☐ kL

（8）

300kL = ☐ m^3

（9）

0.0102dL = ☐ mL

（10）

0.7m^3 = ☐ cm^3

第4章 「体積と容積の単位の計算」をマスターしよう！

125

「全部の単位」の まとめテスト

「単位の計算」
総まとめテスト　その1

（1問10点、計100点）（合格点80点）

この本に出てくるすべての単位について、最後のまとめテスト（全3回）をするよ。次のページの☐☐☐☐に入る数を答えよう！　　　▶答えは139ページ

💡ヒント

小数点の動き方

（かけ算）　$0.04 × 1000000 = 0.040000.$
0が6つ
小数点が右に6ケタ動く
⇒　答え　**40000**

（割り算）　$50 ÷ 1000 = 0.050.$　⇒　答え　**0.05**
0が3つ
小数点が左に3ケタ動く

(1)

0.15cm = [　　　] mm

(2)

83.4L = [　　　] mL

(3)

60g = [　　　] kg

(4)

27000000cm^3 = [　　　] m^3

(5)

4ha = [　　　] a

(6)

0.109t = [　　　] kg

(7)

2.3kL = [　　　] m^3

(8)

5.68km^2 = [　　　] m^2

(9)

990m = [　　　] km

(10)

0.7dL = [　　　] mL

「単位の計算」
総まとめテスト　その2

（1問5点、計100点）（合格点75点）

この本の最後のまとめテスト（全3回）だよ。□に入る数を答えてね！
3ステップ法を頭の中で考えられるなら、そのまま答えを書こう。難しそうなら、紙を用意して、3ステップ法を書いて解いてもいいよ！ ▶答えは139ページ

(1) 30kL = ［　　　　　　　］L　　(2) 4600cm^2 = ［　　　　　　　］a

(3) 8000000g = ［　　　　　　　］t　　(4) 500dL = ［　　　　　　　］cm^3

(5) 172.2km = ［　　　　　　　］m　　(6) 60.48km^2 = ［　　　　　　　］ha

(7) 310mL = ［　　　　　　　］kL　　(8) 2m = ［　　　　　　　］mm

(9) 0.9cm^2 = ［　　　　　　　］m^2　　(10) 1000000cm^3 = ［　　　　　　　］L

(11) 4560ha = ［　　　　　　　］m^2　　(12) 0.00505kg = ［　　　　　　　］mg

(13) 78km = ［　　　　　　　］cm　　(14) 6300mL = ［　　　　　　　］L

(15) 94a = ［　　　　　　　］ha　　(16) 0.002g = ［　　　　　　　］mg

(17) 0.000307m^3 = ［　　　　　　　］cm^3　　(18) 584m^2 = ［　　　　　　　］a

(19) 60cm = ［　　　　　　　］m　　(20) 810dL = ［　　　　　　　］L

「単位の計算」
総まとめテスト　その3

（1問5点、計100点）（合格点75点）

この本の最後のまとめテスト（全3回）だよ。□に入る数を答えてね！
3ステップ法を頭の中で考えられるなら、そのまま答えを書こう。難しそうなら、紙を用意して、3ステップ法を書いて解いてもいいよ！　▶答えは140ページ

（1）$700m^2 =$ ☐ cm^2 　（2）$51cm^3 =$ ☐ mL

（3）$24mm =$ ☐ cm 　（4）$0.06t =$ ☐ g

（5）$9.03km^2 =$ ☐ a 　（6）$40dL =$ ☐ kL

（7）$810000mg =$ ☐ kg 　（8）$30L =$ ☐ cm^3

（9）$625ha =$ ☐ km^2 　（10）$1100cm =$ ☐ km

（11）$9500cm^3 =$ ☐ dL 　（12）$0.36a =$ ☐ m^2

（13）$7004mg =$ ☐ g 　（14）$5500mL =$ ☐ dL

（15）$8km^2 =$ ☐ m^2 　（16）$12100mm =$ ☐ m

（17）$0.0003kL =$ ☐ mL 　（18）$78600kg =$ ☐ t

（19）$5a =$ ☐ cm^2 　（20）$2700000L =$ ☐ kL

第5章

「全部の単位」のまとめテスト

129

答え

じゅんび
うんどう **10、100、1000をかけたり、割ったり**

ステップ1 ✏️ 整数に10をかけよう！

1 （問題は12ページ）

❶50 ❷80 ❸10 ❹120 ❺190 ❻240 ❼360 ❽500 ❾950 ❿1840

⓫3110 ⓬7200 ⓭1000 ⓮6080 ⓯12670

⓰59040 ⓱30200 ⓲80060 ⓳92500 ⓴71000

ステップ2 ✏️ 整数に10、100、1000、10000をかけよう！ その1

1 （問題は14ページ）

❶6700 ❷40350 ❸390000 ❹20010000 ❺65820

❻95500 ❼370000 ❽1000 ❾24600 ❿10000

⓫90000 ⓬403000 ⓭899100 ⓮1360 ⓯805000

⓰10000000 ⓱76000 ⓲70200 ⓳5400000 ⓴8000

ステップ4 ✏️ 整数に10、100、1000、10000をかけよう！ その2

1 （問題は20ページ）

（1） ㋐4 ㋑7 ㋒0 ㋓0 　　答え　4700

（2） ㋔1 ㋕3 ㋖3 ㋗0 　　答え　1330

（3） ㋘9 ㋙6 ㋚0 ㋛0 ㋜0 　　答え　96000

（4） ㋝1 ㋞0 ㋟0 ㋠0 ㋡0 ㋢0 　　答え　100000

（5） ㋣4 ㋤0 ㋥5 ㋦5 ㋧0 ㋨0 　　答え　405500

（6） ㋩2 ㋪0 ㋫0 ㋬0 ㋭0 　　答え　20000

（7） ㋮7 ㋯1 ㋰0 ㋱0 ㋲0 　　答え　71000

（8） ㋳2 ㋴0 ㋵2 ㋶4 ㋷0 　　答え　20240

（9） ㋸8 ㋹0 ㋺0 ㋻0 　　答え　8000

（10） ㋒9 ㋬0 　　答え　90

2 _{もんだい}（問題は22ページ）

（1）3080　（2）16000　（3）952300　（4）4570000　（5）80000

（6）30010　（7）5000　（8）11000000　（9）90200　（10）60700000

ステップ5 ✏ **小数に10、100、1000、10000をかけよう！**

1 _{もんだい}（問題は27ページ）

（1）59.8　（2）700　（3）33　（4）94600　（5）2510

（6）60.05　（7）3280　（8）490　（9）590020　（10）1

ステップ6 ✏ **10、100、1000、10000で割ろう！**

1 _{もんだい}（問題は33ページ）

（1）9.582　（2）0.006　（3）0.001　（4）0.401　（5）0.0039

（6）750　（7）0.9　（8）0.00023　（9）0.0034　（10）6800

じゅんびうんどうのまとめテスト　_{もんだい}（問題は34ページ）

（1）95.1　（2）60　（3）0.02　（4）80.03　（5）700000

（6）0.003　（7）640500　（8）0.66　（9）185900　（10）0.1055

第**1**章 **「長さの単位の計算」をマスターしよう！**

✏ **mをcmに、cmをmに直してみよう！**

1 _{もんだい}（問題は41ページ）

⑦m　⑦＝　⑦cm　①1　⑦100　⑦100　⑦4000

2（問題は43ページ）

㋐cm　㋑＝　㋒m　㋓100　㋔1　㋕100　㋖0.9

3（問題は45ページ）

色をつけた部分がすべて書けていたら正解です（これ以降の問題も同様です）。

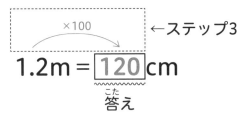

←ステップ3

$1.2m = \boxed{120}cm$

答え

←ステップ1

←ステップ2

4（問題は46ページ）

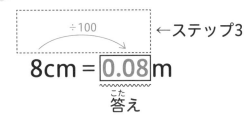

←ステップ3

$8cm = \boxed{0.08}m$

答え

←ステップ1

←ステップ2

5 (問題は47ページ)

（1）

×100 ←ステップ3

$2.01m = \boxed{201} cm$

答え

$1m = 100 cm$ ←ステップ1

×100 ←ステップ2

（2）

×100

$60m = \boxed{6000} cm$

答え

$1m = 100 cm$

×100

6 (問題は48ページ)

（1）

÷100 ←ステップ3

$83.3cm = \boxed{0.833} m$

答え

$100cm = 1 m$ ←ステップ1

÷100 ←ステップ2

（2）

÷100

$77cm = \boxed{0.77} m$

答え

$100cm = 1 m$

÷100

7 （問題は49ページ）

（1）
÷100
100.5cm = $\boxed{1.005}$ m
100 cm = 1 m
÷100

（2）
×100
600m = $\boxed{60000}$ cm
1 m = 100 cm
×100

（3）
÷100
99 cm = $\boxed{0.99}$ m
100cm = 1 m
÷100

（4）
×100
0.8m = $\boxed{80}$ cm
1 m = 100 cm
×100

（5）
×100
6.93m = $\boxed{693}$ cm
1 m = 100 cm
×100

（6）
÷100
40 cm = $\boxed{0.4}$ m
100cm = 1 m
÷100

（7）
÷100
20.11cm = $\boxed{0.2011}$ m
100 cm = 1 m
÷100

（8）
×100
0.047m = $\boxed{4.7}$ cm
1 m = 100 cm
×100

✎ **ここまでに習った「cmとm」の10問テスト** （問題は50ページ）

（1）5100 （2）0.82 （3）20 （4）80000 （5）0.05
（6）365 （7）900.7 （8）0.011 （9）0.0047 （10）20.25

✎ **「1m=$\boxed{}$mm」の$\boxed{}$には何が入る？**

1 （問題は55ページ）

㋐100 ㋑1000 ㋒10 ㋓1000 ㋔100 ㋕10
㋖100000 ㋗1000 ㋘100 ㋙1000000 ㋚1000 ㋛100 ㋜10

✏️ **mをmmに、mmをmに直してみよう！**

1 （問題は60ページ）

㋐m　㋑=　㋒mm　㋓1　㋔1000　㋕1000　㋖80000

2 （問題は62ページ）

㋐mm　㋑=　㋒m　㋓1000　㋔1　㋕1000　㋖0.2

3 （問題は64ページ）

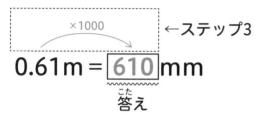

0.61m＝610mm ←ステップ3

1m＝1000mm ←ステップ1

←ステップ2

4 （問題は65ページ）

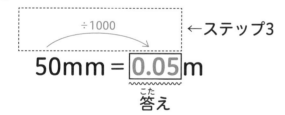

50mm＝0.05m ←ステップ3

1000mm＝1m ←ステップ1

←ステップ2

✏️ **ここまでに習った「mmとm」の10問テスト**　（問題は66ページ）

（1）11000　（2）930　（3）7　（4）2410　（5）0.69

（6）0.08　（7）3142　（8）0.001　（9）0.0488　（10）500000

✏️ kmをcmに、cmをkmに直してみよう！

1 （問題は72ページ）

㋐km　㋑=　㋒cm　㋓1　㋔100000　㋕100000　㋖820000

2 （問題は74ページ）

㋐cm　㋑=　㋒km　㋓100000　㋔1　㋕100000　㋖0.0009

3 （問題は76ページ）

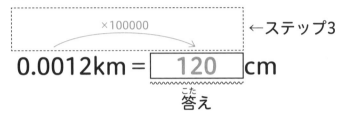

$$0.0012\text{km} = \boxed{120}\ \text{cm}$$

答え

$$1\ \text{km} = 100000\ \text{cm}　←ステップ1$$

←ステップ2

4 （問題は77ページ）

$$7870\text{cm} = \boxed{0.0787}\text{km}$$

答え

$$100000\text{cm} = 1\ \text{km}　←ステップ1$$

←ステップ2

✏️ ここまでに習った「cmとkm」の10問テスト （問題は78ページ）

（1）1000000　（2）3500　（3）0.74　（4）0.00002　（5）0.0198

（6）1001　（7）4.601　（8）3200000　（9）845　（10）6

第1章 ✏️ 「長さ」のまとめテスト その1 (問題は79ページ)

（1）0.1　（2）0.2　（3）5000000　（4）3.14　（5）0.007

（6）2080　（7）39000　（8）76.6　（9）105.03　（10）0.098

第1章 ✏️ 「長さ」のまとめテスト その2 (問題は81ページ)

（1）190　（2）0.27　（3）6000　（4）4100000　（5）0.0003

（6）800　（7）50000　（8）7.2　（9）0.68　（10）10100000

第2章 「重さの単位の計算」をマスターしよう！

✏️ 単位の計算をしよう！ 重さ

1 (問題は92ページ)

㋐1000　㋑1000　㋒1000000　㋓kg　㋔＝　㋕mg　㋖1　㋗1000000

㋘1000000　㋙6000

2 (問題は95ページ)

㋐1000　㋑1000　㋒1000000　㋓g　㋔＝　㋕t　㋖1000000　㋗1

㋘1000000　㋙0.0732

第2章 ✏️ 「重さ」のまとめテスト その1 (問題は98ページ)

（1）0.1　（2）2000　（3）41000　（4）9000　（5）24.9

（6）99000　（7）0.00073　（8）2.025　（9）8000　（10）0.001

第2章 ✏️ 「重さ」のまとめテスト その2 (問題は100ページ)

（1）10.1　（2）70　（3）0.00003　（4）43　（5）6100

（6）15000000 （7）0.00002 （8）10000000 （9）0.0074 （10）0.5

第 **3** 章 「面積の単位の計算」をマスターしよう！

✏️ 単位の計算をしよう！ 面積

1 （問題は105ページ）

㋐100 ㋑100 ㋒10000 ㋓ha ㋔= ㋕m² ㋖1 ㋗10000 ㋘10000 ㋙3000

2 （問題は108ページ）

㋐100 ㋑100 ㋒10000 ㋓a ㋔= ㋕km² ㋖10000 ㋗1 ㋘10000 ㋙0.018

第3章 ✏️ 「面積」のまとめテスト その1 （問題は111ページ）

（1）92100 （2）3000 （3）107 （4）3 （5）98
（6）0.05 （7）0.017 （8）9000000 （9）0.4 （10）670

第3章 ✏️ 「面積」のまとめテスト その2 （問題は113ページ）

（1）200000 （2）0.0001 （3）7 （4）5805 （5）6600
（6）10 （7）4008 （8）1.2 （9）3.9 （10）0.56

第 **4** 章 「体積と容積の単位の計算」をマスターしよう！

✏️ 単位の計算をしよう！ 体積と容積

1 （問題は118ページ）

㋐dL ㋑= ㋒cm³ ㋓1 ㋔100 ㋕100 ㋖1

2 (問題は120ページ)

㋐10 　㋑1000 　㋒10000 　㋓dL 　㋔= 　㋕kL 　㋖10000 　㋗1 　㋘10000 　㋙8.9

第4章 ✏️ 「体積と容積」のまとめテスト 　その1 (問題は123ページ)

（1）5.4 　（2）37 　（3）0.06 　（4）19 　（5）7.08
（6）2001 　（7）185 　（8）4.9 　（9）10000000 　（10）0.543

第4章 ✏️ 「体積と容積」のまとめテスト 　その2 (問題は125ページ)

（1）430000 　（2）661 　（3）35507 　（4）0.29 　（5）1.1
（6）2000 　（7）0.000056 　（8）300 　（9）1.02 　（10）700000

第5章 「全部の単位」のまとめテスト

✏️ 「単位の計算」総まとめテスト 　その1 (問題は126ページ)

（1）1.5 　（2）83400 　（3）0.06 　（4）27 　（5）400
（6）109 　（7）2.3 　（8）5680000 　（9）0.99 　（10）70

✏️ 「単位の計算」総まとめテスト 　その2 (問題は128ページ)

（1）30000 　（2）0.0046 　（3）8 　（4）50000 　（5）172200
（6）6048 　（7）0.00031 　（8）2000 　（9）0.00009 　（10）1000
（11）45600000 　（12）5050 　（13）7800000 　（14）6.3 　（15）0.94
（16）2 　（17）307 　（18）5.84 　（19）0.6 　（20）81

（1）7000000　（2）51　（3）2.4　（4）60000　（5）90300

（6）0.004　（7）0.81　（8）30000　（9）6.25　（10）0.011

（11）95　（12）36　（13）7.004　（14）55　（15）8000000

（16）12.1　（17）300　（18）78.6　（19）5000000　（20）2700

単位の計算マスター認定書

殿

最後までよくやりとげましたね！

この一冊をやりとげたことで、あなたは、単位の計算をマスターして、自信がついたことでしょう。

単位の計算は、小学校だけではなく中学校以降もよく出てきます。この本で習ったことは、大人になっても、きっとあなたの役に立ち続けることでしょう。

単位の計算は、算数の基本です。この本をきっかけに、算数をもっと好きに得意になってくれたらうれしいです。

東大卒プロ算数講師　小杉拓也

おめでとう！

［著者］

小杉拓也（こすぎ・たくや）

●東京大学経済学部卒。プロ算数講師。志進ゼミナール塾長。プロ家庭教師、SAPIXグループの個別指導塾の塾講師など20年以上の豊富な指導経験があり、常にキャンセル待ちの出る人気講師とじて活躍している。

●現在は、学習塾「志進ゼミナール」を運営し、小学生から高校生に指導を行っている。毎年難関校に合格者を輩出している。算数が苦手な生徒の偏差値を45から65に上げて第一志望校に合格させるなど、着実に学力を伸ばす指導に定評がある。暗算法の開発や研究にも力を入れている。

●ずっと算数や数学を得意にしていたわけではなく、中学3年生の試験では、学年で下から3番目の成績だった。数学の難しい問題集を解いても成績が上がらなかったので、教科書を使って基礎固めに力を入れたところ、成績が伸び始める。その後、急激に成績が伸び、塾にほとんど通わず、東大と早稲田大の現役合格を達成する。この経験から、「基本に立ち返って、深く学習することの大切さ」を学び、それを日々の生徒の指導に活かしている。

●著書は2023年の年間ベストセラー総合1位となった『小学生がたった1日で19×19までかんぺきに暗算できる本』ほか、『小学生がたった1日で19×19までかんぺきに暗算できる本　計算の達人編』『ビジネスで差がつく計算力の鍛え方』『この1冊で一気におさらい！ 小中学校9年分の算数・数学がわかる本』（いずれもダイヤモンド社）、『改訂版　小学校6年間の算数が1冊でしっかりわかる本』（かんき出版）、『増補改訂版　小学校6年分の算数が教えられるほどよくわかる』（ベレ出版）など多数。

小学生がたった1日でかんぺきに単位の計算ができる本

2024年6月25日　第1刷発行

著　者──小杉拓也
発行所──ダイヤモンド社
　　　　　〒150-8409　東京都渋谷区神宮前6-12-17
　　　　　https://www.diamond.co.jp/
　　　　　電話／03・5778・7233（編集）　03・5778・7240（販売）

装丁─────小口翔平＋畑中茜（tobufune）
本文デザイン/イラスト/DTP─────明昌堂
製作進行──ダイヤモンド・グラフィック社
校正────鷗来堂
印刷────ベクトル印刷
製本────ブックアート
編集担当──三浦岳

本書の感想募集

感想を投稿いただいた方には、抽選でダイヤモンド社のベストセラー書籍をプレゼント致します。▶

メルマガ無料登録

書籍をもっと楽しむための新刊・ウェブ記事・イベント・プレゼント情報をいち早くお届けします。▶

※指導のご依頼等、本書の内容から離れたお問い合わせにはお答えできない場合がございますので、ご了承ください。